未来互联网基础理论与前沿技术丛书

软件定义网络原理与服务质量优化应用实践

王兴伟　卜　超　李福亮　著

科学出版社

北京

内 容 简 介

本书围绕互联网中自适应路由服务定制化问题，将软件定义思想应用于路由服务动态编排，克服由网络软硬件垂直一体化设计导致路由配置难以灵活且快速地满足用户多样化及个性化通信需求的困难，从引入自适应思想的服务合成机制、网络功能及服务选择机制、网络功能及服务部署机制和融入市场因素(计算经济模型)的服务供给机制四个主要方面进行重点阐述。

本书可供计算机科学、计算机网络、信息科学、软件工程等专业研究人员、高校教师、研究生及高年级本科生参考，也可作为相关领域工程技术人员的参考书。

图书在版编目(CIP)数据

软件定义网络原理与服务质量优化应用实践/王兴伟，卜超，李福亮著. —北京：科学出版社，2021.3

(未来互联网基础理论与前沿技术丛书)

ISBN 978-7-03-067374-9

Ⅰ. ①软…　Ⅱ. ①王…　②卜…　③李…　Ⅲ. ①互联网络-网络服务器-研究　Ⅳ. ①TP368.5

中国版本图书馆CIP数据核字(2020)第254743号

责任编辑：张海娜　赵微微 / 责任校对：胡小洁
责任印制：吴兆东 / 封面设计：蓝正设计

科 学 出 版 社 出版
北京东黄城根北街 16 号
邮政编码：100717
http://www.sciencep.com
北京中石油彩色印刷有限责任公司 印刷
科学出版社发行　各地新华书店经销
*
2021 年 3 月第　一　版　开本：B5 (720 × 1000)
2022 年11月第三次印刷　印张：11
字数：219 000
定价：88.00 元
(如有印装质量问题，我社负责调换)

前　　言

随着互联网技术的迅速发展和网络规模的持续扩大，多种多样的新型网络应用不断涌现，不仅网络应用的种类愈加纷繁复杂，而且用户对各类型网络应用的通信需求也呈现出越来越多样化和个性化的特点。用户更加关注于服务体验，即便使用相同类型的网络应用，在不同的地理、心理、行为等因素的影响下其通信需求也呈现出很大差异。这就要求互联网在各类应用的通信路径上提供多种多样的网络功能，以独特的分组处理及转发操作满足差异化的需求情形。然而，当前网络环境中专用化的网络功能往往运行于专用物理设备上。面向用户愈加复杂多样和频繁多变的通信需求，网络服务提供商通常通过不断购买、部署和运行新型专用物理设备的方式来应对，不仅导致高昂的资本支出和运营成本，而且为服务的快速创新、自适应优化和便捷维护带来诸多问题和严峻挑战。网络服务提供商急需一种较低投资成本和较高时间价值，并且以可持续、自适应的方式来应对用户多变的高质量通信需求的机制。

为此，本书引入软件定义思想，融合软件定义网络和网络功能虚拟化的特性，赋予自适应路由服务定制能力，基于作者在网络服务质量、服务功能链和软件产品线等方面课题的研究成果，同时结合国内外相关领域的研究成果展开详细的论述。全书共 9 章。

第 1 章分析软件定义网络基本原理，从软件定义网络的概述、架构和实施三个方面对其学术价值和应用潜力进行详细描述，并阐述其对未来互联网领域的重要意义。

第 2 章围绕本书研究主题介绍相关领域研究现状，从路由配置、动态软件产品线、网络功能虚拟化以及软件定义网络与网络功能虚拟化结合应用四个方面进行详细描述，并阐述本书内容的主要理论依据和技术基础。

第 3 章对服务质量优化相关技术进行综述，从服务合成机制、网络功能及服务选择机制、网络功能及服务部署机制和引入计算经济模型的服务供给机制四个方面进行详细描述，并对已有研究工作进行分类分析和比较说明，指出不足。

第 4 章提出自适应路由服务规模化定制机制，以规模化的方式快速合成具备独特属性的定制化路由服务，来快速地应对大规模用户多样化和个性化的通信需求。基于软件定义网络和网络功能虚拟化软件定义特性规划路由服务规模化定制机制的框架模型；利用动态软件产品线构建多样化的路由服务产品线，设计路由服务产品线的属性模型和一致性正交变化模型；以形式化方式对路由服务定制进行定义和描述，并依据该抽象设计优化网络服务提供商利润的方案。

第 5 章提出大数据驱动的自适应路由服务定制机制，以应对当前迅速增长的网内大数据给路由服务配置模式带来的服务质量优化、资源分配优化和功能选择优化等多方面挑战。基于软件定义网络和网络功能虚拟化软件定义特性规划大数据驱动的路由服务定制机制总体结构和模块设计；利用动态软件产品线构建多维状态下的用户需求属性模型；设计用户服务体验对各项需求参数的依赖关系模型；提出网络服务提供商和用户各自的偏好评估方案，并设计使网络服务提供商和用户利益共赢的服务组装及服务定价博弈策略。

第 6 章提出可持续学习及优化的自适应路由服务定制机制，以应对从大量候选网络功能中选择合适功能尤其多个功能组合来满足独特需求的困难，并使路由服务定制具备不断自适应优化的能力。基于软件定义网络和网络功能虚拟化软件定义特性规划路由服务定制的自适应学习及优化总体框架及模块构成；利用动态软件产品线构建多粒度的功能属性模型；设计基于多层前馈神经网络的路由服务离线的和在线的进阶式学习模式。

第 7 章提出市场驱动的自适应路由服务定制及供给机制，以应对当前商业化网络运营模式下多方网络活动参与者(网络运营商、网络服务提供商、用户)之间复杂的利益需求关系。构建用户效用评估模型，提出网络服务提供商的服务定价策略；设计多应用和多服务之间的高效匹配算法，并引入帕累托效率优化匹配结果同时促进网络服务提供商和用户之间的利益均衡。

第 8 章提出定制化路由服务中网络功能自适应部署机制，以应对难以在每个交换机中部署所有可能被需求功能来快速提供任意定制化路由服务，而且仅在需求时才即时部署所需功能又会引起延迟、拥塞等严重问题的挑战。提出基于预测的网络功能提前部署方案，结合长期预测与短期预测设计网络功能流行度预测方法；提出基于网络状态的网络功能实时部署方案，综合考虑交换机的处理能力、功能间互斥关系和链路可用带宽三个因素优化资源利用率。

第 9 章对本书的主要研究工作和贡献进行归纳总结，并对一些仍未解决的问题提出后续的工作展望。

作者在网络服务质量、服务功能链和软件产品线等领域开展了多年研究，书中主要内容都是这些研究的成果，来自相关原创论文。在本书的撰写过程中得到东北大学计算机科学与工程学院、软件学院与网络中心的老师和研究生的支持和帮助，这里向他们表示感谢。本书得到东北大学“双一流”建设经费、辽宁省高校创新团队支持计划(LT2016007)、国家自然科学基金(61872073)、辽宁省“兴辽英才计划”(XLYC1902010)和国家重点研发计划(2019YFB1802600)的资助。

由于网络相关技术发展迅速，许多问题尚无定论，加上作者水平有限，书中难免存在不妥之处，敬请同行及读者批评指正。

目　　录

第1章　软件定义网络基本原理分析

1.1　软件定义网络概述

计算机网络从初始的终端与计算机直接连接到当前信息高速公路已经大致经历了四个阶段，每个阶段技术的突破都旨在解决当前计算机应用环境中所遇到的矛盾和问题。终端与计算机直接连接阶段旨在应对相对稀缺的计算机资源与分布广泛的应用需求之间的矛盾；计算机间通过互联形成网络的阶段旨在实现计算机资源的共享，来应对单一计算机资源难以匹配应用需求的矛盾；计算机网络间互联阶段即互联网旨在通过技术标准化实现异构硬件间的快速互联，满足用户更加广泛、更加迫切的连接需求；信息高速公路阶段旨在通过各类型针对性的通信协议、Web 服务技术等，实现大规模信息高效分享及实时交互互动的挑战。云计算、物联网、移动互联网等新兴理念和技术的飞速发展，给现有网络架构带来了巨大挑战，并催生未来互联网及其相关技术成为关键的研究热点。其中，强调控制平面与数据平面分离，以程序化的方式实现定制需求，快速实施网络策略的软件定义网络(software defined networking，SDN)以其简洁的网络架构和极强的兼容性得到广泛认同，成为学术界的研究热点，并得到思科系统公司、华为技术有限公司等著名网络设备制造商的密切关注。

SDN 是一种动态、易管理、经济且具备自适应特性的联网思想和网络架构，其核心思想在于摒弃了网络设备根据局部信息自主确定转发策略的方式，把网络设备的控制平面和数据平面解耦，数据转发功能只保留在交换设备上，控制功能交由掌握更多网络信息的专门控制器完成，控制器通过提供可编程能力实现策略的动态和个性化部署。ACM SIGCOMM(ACM(国际计算机协会)在通信网络领域组织举办的国际会议)从 2012 年起专门基于 SDN 设置了学术论坛 HotSDN，针对控制器架构、数据平面设计、状态抽象与管理、测试与仿真、安全策略和理论模型等方面展开探讨，系统地研究 SDN 的架构、机制与模型分析理论，不仅具有学术价值和应用潜力，而且 SDN 的发展对于未来互联网领域的研究具有重要的意义。

1.2　软件定义网络架构

控制平面和数据平面紧耦合的结构使得网络可以分布式扩张，但给网络管理和升级带来很大困难；转发设备的自主决策能力可以有效保证网络正常运行，但决策的定制化和盲目性严重影响了网络安全和网络性能。通过解耦控制平面和数据平面，能够有效克服路由决策的盲目性，提高网络控制的针对性和高效性，进而在简化网络管理的同时提高网络资源利用率，这一直是相关网络架构研究的重点，也是催生 SDN 的原动力。SDN 基本原理可以描述为分离控制平面和数据平面，通过提供标准的可编程接口方便网络快速配置和动态管理，并促进网络创新。例如，国际标准化组织(International Organization for Standardization, ISO)制定的开放式系统互连(open system interconnect, OSI)7 层模型第 4 至 7 层的相关协议及算法和第 3 层的路由相关协议及算法交由控制平面实现；底层的物理设备实现物理互连及分组转发，以提供数据平面功能；应用层则通过控制平面提供的标准化编程接口进行网络配置，并交由控制平面进行控制、决策及优化。SDN 简化了传统网络模型，如图 1.1 所示。

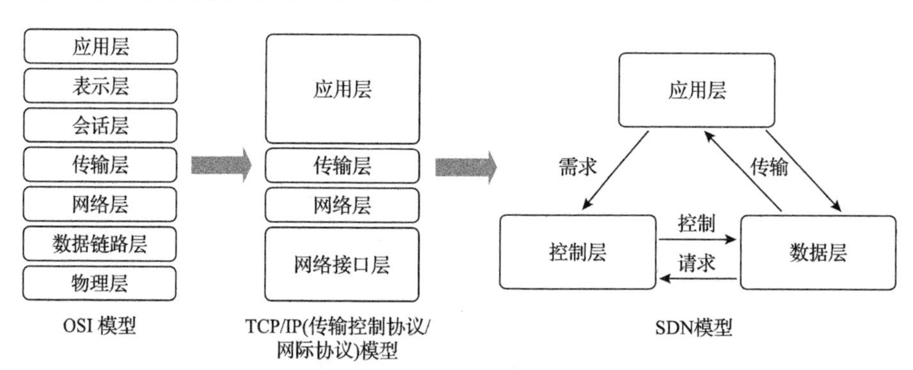

图 1.1　网络模型演化示例

学术界和产业界从自身需求出发对 SDN 架构进行研究与开发，已经提出了一些可资借鉴的 SDN 架构模型。一些典型的控制与数据解耦的架构包括：Feamster 等[1]提出的把路由计算功能从路由器中分离出来的集中计算架构；Yang 等[2]定义的转发与控制元素分离(forwarding and control element separation, ForCES)体系架构及其协议，其对控制平面和数据平面之间的信息交换进行了标准化；Greenberg 等[3]提出的包含决策(decision)、分发(dissemination)、发现(discovery)和数据(data)四个平面的 4D 架构，强调网络目标、网络视图和直接控制，把网络自治域的管理权从网络协议中分离出来。4D 架构较为完整地实现了逻辑决策和分布式硬件的解耦合。其中，决策平面拥有全局网络视图，可以对数据平面直接做出控制决策；分发平面在决策平面和数据平面之间建立起安全可靠的通道；发现平面可以对数据平面的网络拓扑和状态信息进行检测，并传送给控制平面；数据平面根据控制平面下发的策略进行数据转发，不具备决策制定能力。4D 架构可以执行复杂的网络优化算法，进一步简化了网络优化管理，因此，一般认为 4D 架构是 SDN 架构的雏形，例如，Ethane[4]和 SANE[5]等都是基于 4D 架构、面向企业网设计的 SDN。在产业界，各大互联网技术(internet technology, IT)厂商从自身需求出发，也提出了各自的 SDN 架构。例如，Vmware 公司利用其在虚拟化技术方面的优势，提出面向云计算的架构，通过 NSX(网络虚拟化技术)管理平台实现 SDN；微软公司发挥其软件优势，提出基于 Server Hyper-v 网络边界管理平台的 SDN 架构；思科系统公司发挥其在网络技术方面的优势，提出以应用为中心的 SDN 架构，强调对网络应用的弹性支持，弱化分层思想。

在众多 SDN 架构模型中，OpenFlow[6]是当前最被学术界和产业界认可的 SDN 架构范型，由控制器、FlowVisor 和 OpenFlow 交换机三部分组成。其中，控制器实现控制平面功能并对网络进行集中控制，FlowVisor 对网络进行虚拟化，OpenFlow 交换机进行数据转发，从而实现数据平面和控制平面的分离。在众多网络设备生产商的支持下，OpenFlow 得到了迅速发展，致力于 OpenFlow 标准化的开放网络基金会(Open Networking Foundation, ONF)给出了三层 SDN 架构，如图 1.2 所示，该架构强调开发应用程序接口(application programming interface, API)以支持更多的应用需求，来促进产品、服务、应用和用户市场的发展。

客观来讲，SDN 采用控制平面与数据平面相解耦的架构，不仅使得控制平面与数据平面可以独立演化，有助于解决网络僵化问题，而且带来了传统网络架构所不具备的很多优势，例如，可编程能力和标准编程接口促进网络创新，集中化控制方便和简化网络管理，全局网络视图使能网络细粒度调度，虚拟化支持网络资源优化分配和高效利用，等等。这些都有助于解决很多在分布式控制下难以解决的问题。

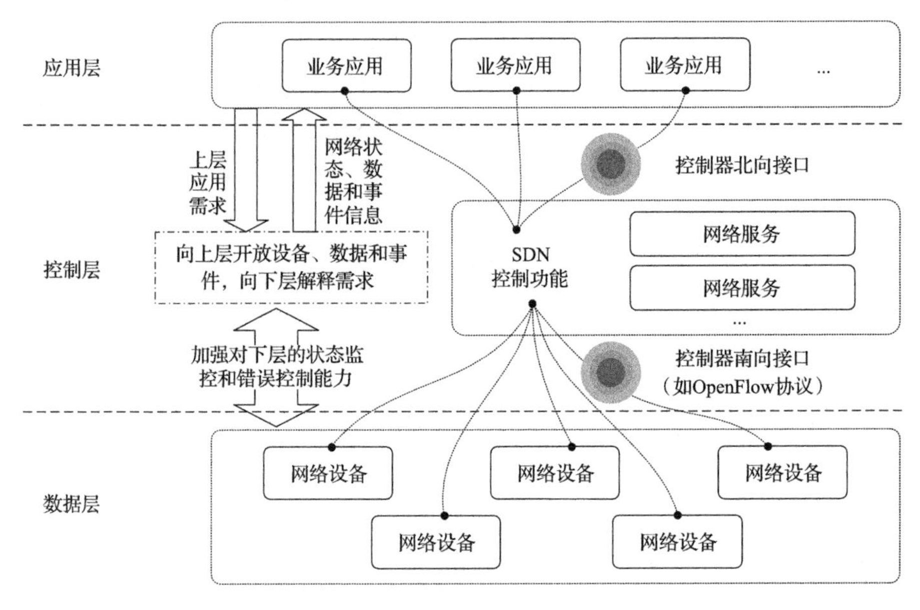

图 1.2　ONF 的 SDN 架构

1.3　软件定义网络实施

基于控制平面和数据平面分离的结构，SDN 智能高度集中于控制平面，通过控制器对交换机进行控制。作为 SDN 的典型代表，在 OpenFlow 中，转发设备即 OpenFlow 交换机包含一个或多个流表，以及一个抽象层(通过 OpenFlow 协议与控制器安全通信)。流表由表项组成，每个表项确定如何处理和转发属于某一流的分组。对于到达 OpenFlow 交换机的分组，如果找到了匹配的表项，交换机就应用与该匹配流表项相关联的指令集或操作处理分组，否则交换机采取由“表错过”流表项定义的指令。每个流表必须有一个“表错过”流表项，指定在为输入分组没有找到匹配项时要执行的操作集，例如，丢弃该分组，继续在下一流表进行匹配，或者把该分组通过 OpenFlow 通道转发到控制器。OpenFlow 1.0 架构如图 1.3 所示。

在另一个著名的 SDN 架构范型 ForCES 中，同样是把控制网元从转发网元中分离出来，但是，网络设备依然表示为单一实体。ForCES 定义了两种逻辑实体，即控制网元和转发网元，两者均实现 ForCES 协议进行通信。

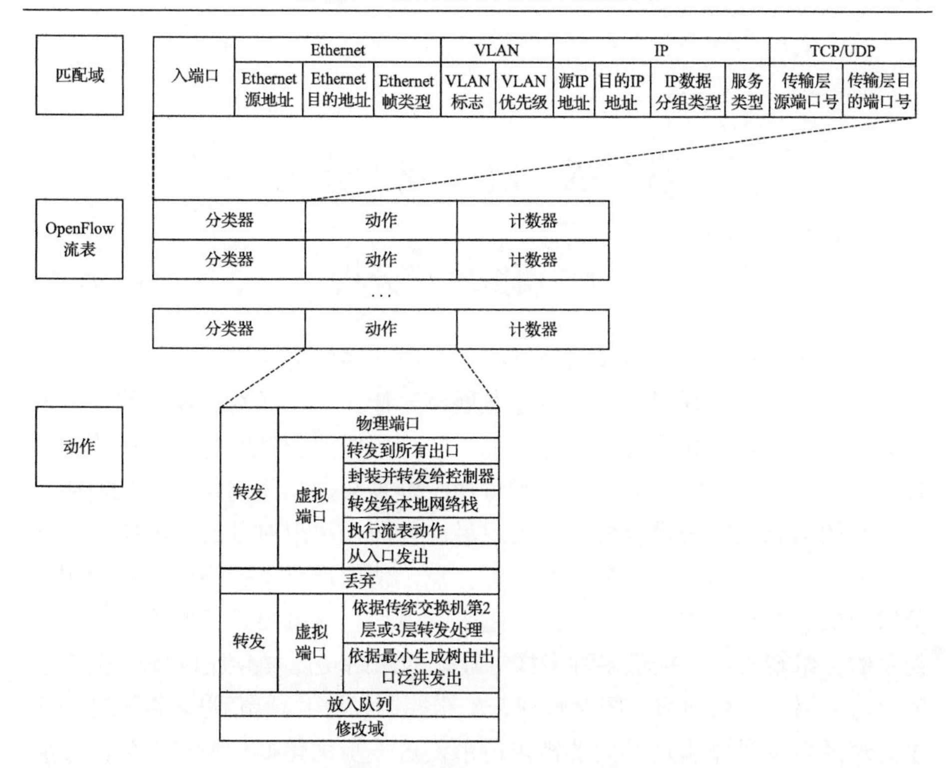

图 1.3　OpenFlow 1.0 架构

Ethernet：以太网；VLAN：虚拟局域网；IP：网际协议；TCP/UDP：传输控制协议/用户数据报协议

控制网元执行控制和信令功能，使用 ForCES 协议指示转发网元如何处理分组。转发网元负责使用下层硬件提供对每个分组的处理。协议基于主从模式工作，控制网元是主，转发网元是从。ForCES 使用严格定义的逻辑功能块，逻辑功能块驻留在转发网元上，由控制网元通过 ForCES 协议控制，逻辑功能块使控制网元有能力控制转发网元的配置以及转发网元如何处理分组。

OpenFlow 和 ForCES 代表着 SDN 实施的两种不同的技术取向，前者着重可编程的控制平面，后者致力于可编程的数据平面，但是均以实现控制平面与数据平面的分离为目的，前者由于得到产业界的广泛支持而正在成为 SDN 事实上的工业标准。实际上，现有关于 SDN 实施机制的研究与开发基本上都是遵循 OpenFlow 或 ForCES 的工作机理，因而从技术上都是可行的。

第2章　研究现状分析

2.1　研究背景分析

互联网已经能够非常成功地支持在不同端系统之间进行分组转发，然而，近年来随着互联网技术的迅速发展，云计算、物联网、移动网络及网络大数据等新兴概念及技术飞速涌现，各种各样的新型网络应用爆炸式增长。一方面，不仅网络应用的种类愈加纷繁复杂、相互交织，而且网络应用之间的信息传输规模也愈加庞大；另一方面，用户对各类型网络应用的通信需求也呈现出多样化和个性化的特点，使用户对支持不同网络应用通信服务的定制化要求越来越高，也越来越迫切。这就要求互联网还应当在简单的分组转发之上提供多种多样专业化的网络功能(如流量整形、分组调度、防火墙、负载均衡、缓存管理、差错控制、资源预留等)，以独特的分组处理及转发操作满足不同的需求情形，进一步优化多种情形下的网络服务质量，改善用户的服务体验。

然而，在当前网络环境中，具备独特的分组处理及转发能力的网络功能往往运行于分布式的专用网络硬件设备上，对于用户对各类应用的通信需求更加复杂和多变的挑战，网络服务提供商(internet service provider, ISP)通常以持续地购买、部署和运行新的专用物理设备的方式来解决，这样做不仅会导致高额的建设和运维成本，而且随着不断产生和变化的新需求而被动开发和部署新型设备往往会有一定的滞后性。此外，现有物理设备可能并没有被充分使用就面临淘汰，这会导致大量的资源浪费，多种类型甚至多家厂商私有化的设备及复杂的部署方式还为进一步的服务维护和优化带来诸多困难和严峻挑战。由此，本书从软件定义角度出发，应用基于软件定义的联网范型及面向服务的软件工程方法，支持多种多样实例化的网络功能运行于标准的通用化网络设备上，开展以可重用化、可组装化和可定制化的方式在应用的通信路径上动态地选择合适功能并定制差异化路由服务的研究，促进路由服务配置模式的快速创新、自适应优化和便捷维护。

当 ISP 为各类型网络应用在其端到端的通信路径上提供定制化的路由

服务时，需要支持随着频繁变化的需求情形自适应地定制独特特性的路由服务[7]，如提高服务的安全性(使用数据加密功能和访问控制功能等)、保证服务的可靠性(使用故障恢复功能和差错控制功能等)和改善服务的质量(使用分组调度功能和拥塞控制功能等)等。然而，对于如何重用多样化的功能来动态地定制自适应路由服务的挑战，本书应用面向服务的软件工程方法，即动态软件产品线(dynamic software product line, DSPL)[8]，把定制化的路由服务视为独特的软件产品，而多种多样可被选择的功能组件作为组装软件产品的零构件，在给定的需求约束或优化条件下实现路由服务的定制化目标。

另外，面向网络多变的负载及资源供给状态、应用差异的工作场景及通信模式和用户独特的心理及行为因素等，需要路由服务定制化机制能够从全局网络视图出发，依据实时的网络状态及流量特性对全网的资源和功能进行灵活的管控，并且具备可扩展和可演化能力，使新型功能添加和已有功能改进更加简单便捷，从而实现路由服务定制化过程的灵活性、厂商无关性、可编程性等特性。强调网络控制与数据分离、以编程的方式部署及实施控制策略的 SDN[9]、强调网络功能和专用设备解耦、灵活调用资源和功能组件的网络功能虚拟化(network function virtualization, NFV)[10]以其简洁的联网范型和极强的兼容性给本书设计软件定义的自适应路由服务定制化机制带来很大的启发。

从软件定义角度，NFV 把网络功能从专用网络设备中解耦，通过虚拟化的手段屏蔽底层差异[11]，基于软件定义思想以模块化、可重用化、接口标准化和可组装化的方式对多种多样的网络功能进行实例化设计和开发，使这些功能可以被灵活、快速及按需地调用和部署到(即以编程的方式写入)通用化的底层网络设备中，并且支持以面向服务的软件工程方法根据规则对各功能组件进行选择及组装，进而实现路由服务的定制化。SDN 则通过解耦控制平面和数据平面，以软件定义的思想把整个网络的控制逻辑集中于控制平面，使之具备全局性网络视图和可编程能力，由此支持控制平面以可编程的方式实施网络控制策略，并且对全网业务、流量及资源等进行主动规划，对基于 NFV 的网络功能进行统一的管控，促进独特软件产品定制化路由服务的优化及创新。

由此，本书从软件定义角度出发，结合 DSPL、SDN 和 NFV，利用面向服务的软件工程方法，从引入自适应思想和智能化思想的服务合成机制、网络功能及服务选择机制、网络功能及服务部署机制和引入计算经济模型(融入市场因素)的服务供给机制四个主要方面，开展实际可行、性能优化并且具备可扩展和可持续演化能力的自适应路由服务定制化研究。

2.2　相关技术分析

2.2.1　路由配置技术分析

在传统的分组交换网络(即 Internet)中，其设计初衷是面向非实时的、单一数据类型的网络应用通信活动，主要针对无连接的文本数据类型分组，并且传输模式是单一的尽力而为(best-effort)型路由服务[12]，如电子邮件和文件下载等。随着网络技术的发展，采用面向连接的 TCP/IP 相关协议及算法进行路由服务配置来保证应用之间通信的可靠性，并且通过优化网络流量增大全网的数据吞吐量。

在当前互联网环境中，以多媒体类型为主的网络应用(如网络电话、视频点播、在线游戏、视频会议、远程医疗等)不断涌现，不仅传输的数据包含了如语音、图片、动画、视频等复杂的多媒体信息，而且用户提出了更多更高的通信特性需求，如服务质量(quality of service, QoS)特性、安全特性等。ISP 通常通过不断且大量地购买、部署和运行新的专用化网络硬件设备，并利用嵌入这些设备上的专用功能辅以相应的路由服务配置模型来应对上述问题，例如，针对 QoS 特性需求的两种经典服务模型，即集成服务(integrated services, IntServ)模型[13]和区分服务(differentiated service, DiffServ)模型[14]。

IntServ 模型可以提供端到端的面向连接的实时路由服务(如可控负载型服务和质量保证型服务)，该模型以每个单独的或聚集的流为单位，在应用的通信路径上通过分配网络资源和部署功能设备来配置路由服务，满足该流对 QoS 特性的需求。DiffServ 模型主要对进入网络的流执行分类、整形和聚合等一系列操作使之形成不同的流聚集，通过在网络的边界节点上配置路由服务(如奖赏服务和确保服务)来实现对流聚集的管控，从而满足相应的 QoS 特性需求。然而，当前支持各类型网络应用独特需求的服务都需要部署专用化的硬件设备，并且需要对大量物理位置固定的功能设备(即意味着该专用功能运行的位置固定)进行分布式的(即单独的)预先配置，这不仅导致高昂的资本支出和运营成本[15]，给路由服务的维护、扩展和创新带来很大阻碍，而且功能位置固定和服务模式预置的方式显然难以使路由服务具备自适应特性和定制化特性。

由此，面对当前互联网环境中路由服务配置模式的困境，本书考虑以面向服务的软件工程方法，从软件定义角度(如 DSPL、SDN 和 NFV)对新型的自适应路由服务定制机制进行研究，提出有效的解决方案。通过分别对 DSPL、SDN 和 NFV 的研究基础及现状进行分析，并详细阐述 DSPL、SDN 和 NFV 与本书自适应路由服务定制机制的密切关系。

2.2.2　DSPL 技术分析

DSPL 作为一种面向服务的软件工程方法，用于快速地开发特定领域的软件产品，其核心思想是依据某类软件产品的领域知识(如构成组件、外在特性、应用场景等)，把该领域中的软件产品族(family of products)[16]所存在的共性特征作为核心资产加以重用，并通过定义该软件产品族的通用性属性和可变性属性[17]、面向用户差异化的需求情形和系统及环境多变的状态信息[18]动态地重组核心资产和选择可变量，以产品线的方式快速地组装该产品系列中满足不同需求情形的定制化软件产品。DSPL 通过采用两套生命周期的方法分离领域工程与应用工程，以分别关注于共性和特性的方式实时且快速地实现独特软件产品的定制化目标[19]。DSPL 概念模型如图 2.1 所示。

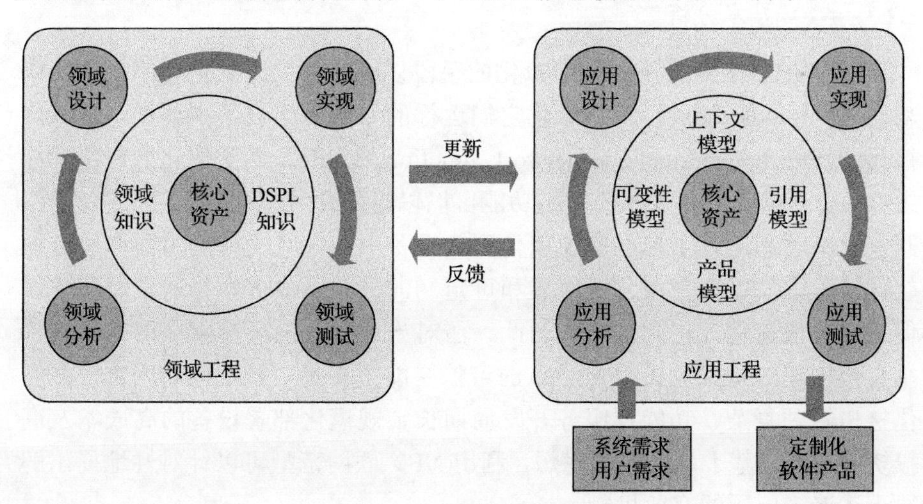

图 2.1　DSPL 概念模型

DSPL 主要由研究机构和大型的软件公司及团体发起并推动[20]，主要在 DSPL 的特征分析、体系结构、逆向分析、可变管理等方面产生了众多的相关理论及方法，如 FODA[21]、FeatuRSEB[22]、PuLSE[23]、KobrA[24]、OAR[25]、MAP[26]等。其中，卡内基梅隆大学(CMU)的软件工程研究所(SEI)提出的 FODA 以特征作为领域工程中需求的基本单元，惠普实验室提出的 FeatuRSEB 为领域工程中的共性和特性、设计和实现等提供特征索引；PuLSE 和 KobrA 都是由弗劳恩霍夫研究所软件工程研究院提出的，PuLSE 以完整的体系架构来支持软件产品线整个生命周期的活动，KobrA 为 PuLSE 的扩展；OAR 和 MAP 则为当前广泛认可的逆向分析方法，用于可重用构件的挖掘。

基于软件定义思想，DSPL 通过领域工程提供可重用基础，通过应用工程提供定制化基础，依据独特的需求情形，结合通用性属性和可变性属性对多样化的功能组件进行选择，并以组装的方式快速合成定制化的软件产品。由此，面对未来互联网环境中由多样的网络应用、复杂的用户需求、多变的网络状态所带来自适应路由服务定制化的挑战，基于软件定义思想，利用 DSPL 对各类型网络应用所需的路由服务领域知识进行分析，确定构成支持各类型网络应用进行通信的路由服务族的共性和特性，从而构建多样化的路由服务产品线，进而以产品线的方式快速地组装和定制满足不同需求情形的路由服务。

2.2.3 NFV 技术分析

NFV 的目的是希望利用虚拟化的手段以纯软件的方式把专用化的网络功能(如 middle-boxes[27])从承载它们运行的专用网络设备中解耦，形成虚拟化的网络功能(virtualized network function, VNF)，即实例化的网络功能组件，这意味着多种多样的网络功能可以以模块化和标准化的方式被设计、开发、部署和运行于标准的通用化网络设备中，并且支持利用面向服务的软件工程方法以可重用、可组装和可定制的方式合成多样化的定制服务，促进服务快速地改进和创新。由此，面对当前互联网环境中由网络软硬件垂直一体化封闭式设计[28]所导致的可扩展能力不足、技术创新困难、私有化接口管理复杂、功能及服务开发周期长、规模化部署设备的高成本及高投资等问题，基于软件定义思想，利用 NFV 联网范型可以针对性地提出解决上述诸多问题的有效机制。

NFV 主要由电信运营商主导及发起[29]，并由多个顶级运营商(如 AT&T、Deutsche Telekom、Telecom Italia、Verizon 等)推动，在欧洲电信标准化协会(European Telecommunications Standards Institute, ETSI)设立了 NFV 标准

工作组，由其提出的 NFV 架构模型如图 2.2 所示。NFV 项目受到产业界极大重视的原因是其能够有效减少电信运营商的资本支出和运营成本。NFV 以软件化的思想开发、部署和运行专用化的网络功能组件，摒弃了专用化网络硬件设备昂贵的开发成本、部署成本和维护成本等经济利益缺陷；建立支持网络业务快速创新的开放式运营系统，如向第三方软件产品开发商开放等；提高网络资源、功能和服务管控的效率和灵活性，以工程化的方法开发新型网络业务及开展相关试验，有效降低风险，并且更快地获取了更高的投资利润。NFV 相关经济模型如图 2.3 所示[10]。

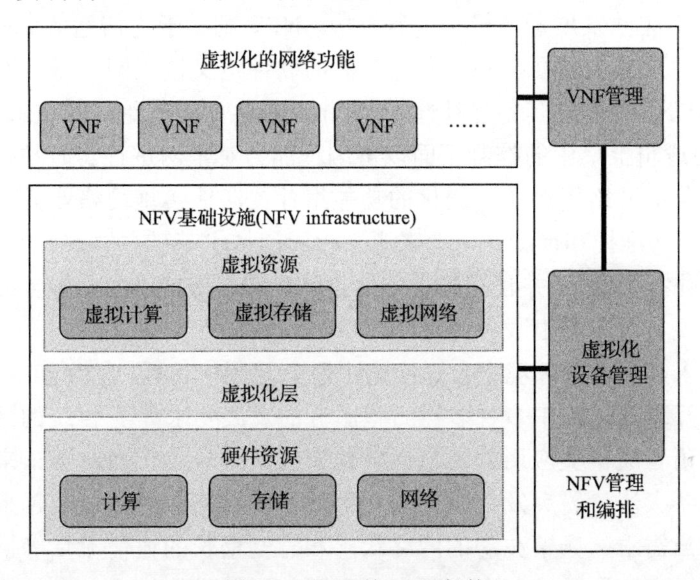

图 2.2　ETSI 的 NFV 架构

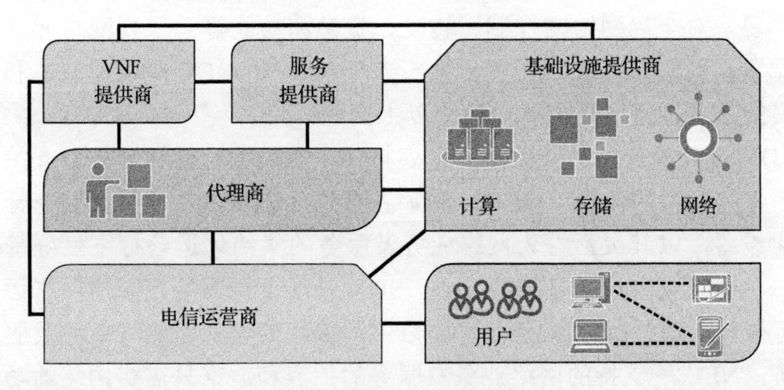

图 2.3　NFV 相关经济模型

从软件定义角度，NFV 所呈现的主要特点可以描述如下：把实例化的网络功能从专用设备中解耦、灵活地按需部署网络功能和快速地创新网络业务及服务等，这允许多种多样的网络功能以基于纯软件的方式进行独立的开发、维护和扩展，支持以面向服务的软件工程方法对多种功能组件进行动态的选择、重用和组装，为高效地实现满足多样化和个性化需求情形的新型、独特的路由服务定制化目标提供关键性技术。

2.2.4 SDN 和 NFV 结合应用分析

SDN 诞生并发展于高校和科研机构，NFV 则始于电信运营商联盟，它们都从软件定义的数据中心转向运营商的软件定义接入网、城域网及核心交换网。SDN 和 NFV 具备互补性，但又相对独立而没有绝对的依赖性关系，SDN 利用逻辑上集中的控制平面以可编程能力对全网进行实时掌控，NFV 利用虚拟化的网络资源和实例化的功能组件灵活地实施网络业务及服务的开发、部署、维护和创新，两者来源于相同的技术基础(如标准的通用化设备和虚拟化技术等)，并且都基于软件定义思想，支持以面向服务的软件工程方法实现自适应路由服务的定制化目标。

面向未来互联网环境中自适应路由服务定制化目标，SDN 和 NFV 能够适应未来互联网环境中多种多样新型服务的发展要求[30]。传统的网络环境中普通的语音通话类应用的流量比较稳定且波动较小，而对于未来互联网环境中具备大流量、突发性、高交互等特性的网络应用，以及越来越复杂多变的用户需求、频繁波动的网络状态和急剧增长的通信流量等挑战，专用化硬件固定部署和控制命令预设式配置的服务供给模式越来越难以为继，由此，要求对全局网络的控制、转发、资源和功能等一系列网络元素的调用、配置和操作提出很高要求。通过结合 SDN 和 NFV 联网范型，利用软件定义的方式，可以从根本上解决以上问题。

SDN 以其设计原理天然地支持虚拟化，其可编程性和开放性支持新型应用引入和新型服务设计；NFV 强调各虚拟化和实例化的网元共享标准的通用化设备，以其灵活性为网络业务及服务的集约化运营打下良好基础。另外，在网络业务及服务维护方面，SDN 基于全局网络视图对网络运行情况进行监控，通过提供丰富的 API 以主动编程的方式对网络业务及服务进行维护，NFV 所支持的网络业务及服务的扩容和运维只需实例化的功能组件以纯软件的方式在标准的通用化设备中进行加载、删除、修复和扩展，无须涉及硬件设备的扩容和割接等烦琐复杂的动作。由此，利用 SDN 和 NFV，不仅支持即时地监控全网业务及服务，还支持各功能组件的即插即用和快速维护。

2.3　本书主要贡献

本书聚焦于未来互联网环境中自适应路由服务定制化机制研究，基于软件定义思想，结合 DSPL、SDN 和 NFV，以面向服务的软件工程方法，从面向大规模用户多样化且个性化需求的自适应路由服务规模化定制机制、大数据驱动的自适应网络功能选择及路由服务定制机制、具备可持续学习及优化能力的自适应网络功能选择及路由服务定制机制和面向商业化网络运营模式的自适应路由服务定制及供给机制四个主要方面，提出新的研究思路和有效的解决方法。

(1) 针对网络环境中越来越多用户对各类型网络应用日益复杂化、多样化和个性化的通信需求，而 ISP 难以每次都单独地为每个用户频繁变化的需求独立地定制及优化每个路由服务的情形，例如，由此可能导致过高的技术资本投入、高昂的服务定制成本和大量的网络资源消耗等问题，提出开放式的自适应路由服务大规模定制机制，不仅以规模化的方式合成路由服务，而且使合成的路由服务能够满足不同用户的独特需求。

基于 DSPL，把定制化的路由服务作为独特的软件产品，多种多样候选的网络功能作为组装软件产品的各组件，构建多样化的动态路由服务产品线模型。

设计两层路由服务产品线属性模型，由非功能属性层中的需求属性指导功能属性层中多样化网络功能的选择；设计路由服务产品线一致性正交变化模型，用来依据需求情形追踪和保证路由服务定制各阶段可变点的一致性。

另外，提出形式化的定义和描述方法对路由服务定制进行抽象，并依据此抽象设计一个简单案例，通过考虑用户的服务体验，选择合适的服务组装策略和制定合理的服务定价策略来最大化 ISP 的利润。

(2) 近年来互联网环境中各类型网络应用之间通信流量爆炸式增长，给传统的路由配置模式带来愈加复杂的路由决策优化、成本控制优化和网络性能优化等方面的巨大挑战，以当前网络环境中各类型网络应用大量的通信流状态数据为驱动，提出大数据驱动的自适应网络功能选择及路由服务定制机制，优化用户服务体验。

基于 DSPL，依据用户对不同类型网络应用的需求领域知识，构建多维状态(如地理因素、心理因素和行为因素)下的用户需求属性模型，用于把用户模糊而定性的需求映射为 ISP 可识别和使用的准确信息。

依据所构建的用户需求属性模型，以各类型网络应用大量的通信流状态数据为驱动，构建用户服务体验与各项需求之间的依赖性关系，作为 ISP 根据用户需求情形选择合适网络功能和实时调整路由服务的依据。

提出 ISP 和用户分别对候选路由服务定制及定价方案的偏好评估模型，并设计网络资源充足时的纳什均衡博弈方案和网络资源不足时的混合式策略博弈方案，达到使双方利益共赢的目标。

(3)针对如何从大量多种多样网络功能中选择合适的功能，来定制满足独特需求且具备不同特性的路由服务，使路由服务的定制机制能够依据用户对服务的体验反馈具备不断优化的能力，提出可持续学习及优化的自适应网络功能选择及路由服务定制机制。

基于 DSPL，依据构成不同类型路由服务的功能组件领域知识，构建多粒度的功能属性模型，粒度由上到下逐层变细，作为路由服务学习、训练及优化的基础。

引入机器学习思想，提出基于多层前馈神经网络的两阶段路由服务学习机制，其中，离线学习模式作为在线学习模式的基础和起点，在线学习模式作为离线学习模式的优化和延续。

设计路由服务离线学习模式，依据 ISP 过去积累的路由服务配置经验训练离线学习模式神经网络，获得支持各类型网络应用基本通信所必需的通用化功能选择及组合方式，作为下阶段在线学习模式的基础。

设计路由服务在线学习模式，在离线学习模式神经网络的基础上，依据用户独特的需求情形和对所获服务的体验反馈来训练及优化专用化路由功能选择及组合方式，实现持续性地优化路由服务定制机制的目标。

(4)针对当前商业化网络运营模式下网络运营商、ISP 和用户三者间复杂交织的利益关系，如网络运营商与 ISP 之间网络资源租出与租用关系、多个 ISP 之间为用户定制及提供服务时的竞争及合作关系、ISP 和用户之间提供服务和选择服务时的利益均衡关系，提出市场驱动的自适应路由服务定制及供给机制。

设计用户对路由服务的效用评估模型，考虑用户对 QoS 的满意度、用户对 ISP 的选择度和用户对服务价格的接受度，该模型不仅可以作为系统为用户匹配其所偏好服务的评价标准，还可以作为 ISP 为用户定制服务的参照目标。

设计路由服务定价策略，通过考虑用户对路由服务的选择度等因素，为调用不同的资源和功能来合成不同特性的定制化路由服务制定合理的价格。

为应对大量应用请求在短时间内同时到来的情形，考虑多 ISP 之间的合作模式，设计高效的匹配算法来实现多应用和多服务之间的自适应匹配，并引入帕累托效率作为优化条件来进一步改善匹配效率和匹配结果，同时促使 ISP 和用户之间达到利益均衡。

第 3 章　服务质量优化相关技术

软件技术和网络技术的协同发展不仅提供了全球性的信息化交互基础，而且提供了资源丰富的服务供给平台，特别是随着各种服务相关的标准化工作持续完善和面向服务的企业级软件开发平台不断发展，越来越多的厂商、机构和组织参与到软件即服务(software as a service, SaaS)的开发行列中并推动其快速进步。同时，他们将各自面向不同需求的独特的网络业务及服务以标准化网络功能组件的形式发布到广泛的互联网环境中，为已有服务改进、新型服务创新、独特服务定制等提供了很大支持和便利，促进许多基于自适应思想的路由服务配置方案的设计与研究。本章针对引入自适应思想的服务合成机制、网络功能及服务选择机制、网络功能及服务部署机制和引入计算经济模型的服务供给机制，分别对相关研究工作进行综述和对比介绍。

3.1　服务合成机制

服务合成是指当单个功能无法满足某项或多项需求情形时(如用户的需求、服务提供者的需求、兼顾两者的需求等)，将多个可组装的功能组件进行有机结合，使之形成具备逻辑上完整、流程上有序和数据上流通的相对粒度较大的服务，并且通过构成服务的各功能组件之间的相互协作来满足该项或多项需求的过程[31-34]。

在服务合成技术中，当合成服务的各功能组件预先设置时，称之为静态合成模式(即预置式)，该模式的特点是服务合成及供给的时间快，但由其合成的服务在运行期间无法随时更改，面向实时多变的需求情形时往往难以及时应对。当合成服务的各功能组件是在服务供给时才动态确定的，称之为动态合成模式(即反应式)，该模式允许服务在运行期间随时更换构成其的功能组件，并且能够更好地适应当前频繁多变的用户需求和环境状态，支持动态且实时地发现、选择和组装定制化的路由服务。因此，以动态合成模式作为自适应路由服务合成的基础。

然而，如何在动态的网络环境和复杂的服务需求情形下，以高效率和高性能的方式自适应地合成所需的服务成为研究热点，许多引入自适应思想的服务合成机制被提出，它们主要通过引入两类算法(精确算法和启发式算法)来构建服务合成机制，由此，本节从基于精确算法的服务合成和基于启发式算法的服务合成两个大类对相关文献进行分类和综合分析。

3.1.1　基于精确算法的服务合成

通常来说，选择优化问题可以利用穷举搜索方法来获得最优解。然而，当可被选择的实例数量非常多时，所耗用的时间难以估量。相较而言，精确算法能够较好地减少时间消耗以获得优化的服务合成方案[35]。表 3.1 对基于精确算法的服务合成相关工作进行了总结和分析。

表 3.1　基于精确算法的服务合成工作

相关文献	局部选择	全局选择	支持 QoS	核心算法
文献[36]	✓	×	✓	剪枝算法
文献[37]	✓	×	✓	混合整数规划 分布式局部选择
文献[38]	✓	×	×	最佳服务选择 多约束服务选择
文献[39]	×	✓	✓	多维多选择背包问题
文献[40]	×	✓	✓	0-1 线性规划
文献[41]	×	✓	✓	分而治之方法
文献[33]	✓	✓	✓	线性整数规划
文献[42]	✓	✓	×	加权多图 动态规划
文献[43]	✓	✓	✓	动态服务选择

注：✓表示考虑该因素；×表示未考虑该因素。

以局部选择策略合成服务是指对各集合中的候选功能按照某种规则进行排序，然后从每个集合中选择一个满足局部约束并且效用最优的功能来构建服务。文献[36]提出了一种新型的 QoS 感知的服务合成方法，利用剪枝算法(pruning algorithm)先执行向前修剪操作，即移除不能启用的服务和可启用但无法提供最优值的服务，然后执行向后搜索操作，获得能实现最优化吞吐量或响应时间(response time, RT)的服务合成结果。文献[37]提出了一种混合式的方案来实现高效的服务合成，该方案包括两个步骤，首先利用混合整数规划(mixed integer programming)发现全局 QoS 约束并把其分解到局部约束上，然后利用分布式局部选择(distributed local selection)发现能最优满足局部约束的组件来合成服务。文献[38]利用业务协议代替交互信息来简化服务需求描述，并且以协议计算方法来执行服务合成操作，另外，设计了最佳服务选择(optimal service selection)和多约束服务选择(multiple-constrained service selection)两种算法对服务合成过程进行支持。以局部选择策略合成服务具有时间复杂度较低的特点，可以较快地执行服务合成操作。然而，该策略没有充分考虑构成服务各组件之间的关系，虽然单项功能组件可以最优地满足用户的某项需求，但组装合成的服务并不一定是全局最优。

以全局选择策略合成服务是指从整体合成服务出发，使选择出的功能组件可以满足用户对合成服务整体的质量要求，通过考虑各功能组件对整体服务的聚合效果，从整体上实现给定的合成服务优化目标。文献[39]设计了一个基于代理的机制进行功能选择，其主要利用了组合模型和图模型，其中，组合模型被定义为多维多选择背包问题(multi-dimension multi-choice 0-1 knapsack problem)，图模型被定义为多约束最优路径问题。文献[40]利用服务依赖图对服务存储库进行建模，提出了基于 0-1 线性规划的优化方法(0-1 linear programming-based optimal approach)来动态地合成服务并优化 QoS。文献[41]基于高层次的抽象模型提出了一种高效的分而治之方法(divide-and-conquer approach)来合成服务(该方法利用抽象的控制流和扩展的数据流对服务合成进行递归定义)，并依据该方法提出了一种 QoS 模型来支持非线性的服务聚合。以全局选择策略的方式考虑了全局性的约束条件，可以获得满足端到端需求的服务合成最优解，然而，当可被选择的功能组件数量非常多时，其面临难以在合理的可接受时间内获得最优解的问题。

以局部选择策略合成服务在计算资源和时间消耗上相较于以全局选择策略合成服务较优，但是局部选择策略往往难以满足合成服务的整体需求，无法获得全局最优的服务合成结果。由此，一些研究工作把两种策略结合起来实现服务合成。文献[33]提出了一种中间件平台以解决服务合成问题，并且可最大限度地满足用户对 QoS 的需求，其不仅基于局部选择策略(如以任务层次为粒度)，还利用线性整数规划(linear integer programming)实现了全局任务调配。文献[42]提出了一个三层的服务结构模型和服务评估模型来支持服务合成，利用基于加权多图(weighted multistage graph)的最长路径方法设计了全局优化选择方法，同时采用动态规划(dynamic programming)的方法进行了动态的局部服务选择。文献[43]提出了一种服务合成优化方案，该方案利用动态服务选择(dynamic service selection)方法在局部和全局两种层次上规格化用户对服务的质量需求，同时利用自适应的优化方法来调整服务运行时变化的 QoS。因此，结合两种策略能够兼顾两者的优点，例如，首先利用局部选择策略对各候选功能组件进行过滤筛选，再由全局策略对功能组件进行综合考虑，可以为最优服务合成机制研究提供更适用的方向。

3.1.2 基于启发式算法的服务合成

相较于基于精确算法的服务合成可能难以在多项式时间内获得最优的服务合成方案，基于启发式算法的服务合成旨在通过对过去相关历史经验数据进行归纳、推理及实验分析，利用反复试验和消除误差的方式在合理的时间内获得次优的服务合成方案或者有一定概率获得最优的服务合成方案[44]。根据启发式算法的发展，可进一步将其划分为传统的启发式算法和元启发式算法。相较而言，元启发式算法可以看成高层次的启发式算法，通过随机算法和局部搜索相结合的方式进行迭代来跳出局部最优。表 3.2 对基于启发式算法的服务合成研究工作进行了总结和分析。

一些研究工作利用传统的启发式算法提出服务合成机制，例如，基于图、基于强化学习和基于贪心算法等的服务合成方案。文献[45]提出了一种基于图方法(graph-based approach)的文化基因算法，用来解决 QoS 感知的服务合成问题，并且结合了局部搜索和全局搜索来扩展服务的搜索能力。文献[46]提出了一个基于分层图方法(hierarchical graph-based approach)的服务发现和合成模型，不仅考虑了用户的组合性需求问题，还兼顾了满足各项 QoS 参数的成本问题。文献[47]利用多目标强化学习(reinforcement learning)方法设计了面向QoS感知的服务合成方案，该方案考虑了多个QoS目标，用来解决单一策略组合和多策略组合两种应用场景。文献[48]首先利用部分可观察马尔可夫决策过程来解决不确定规划问题，并根据该不确定模型提出了一种强化学习方法来支持服务合成，该方法不需要知道服务的详细信息，只需要依据历史数据进行估测实现服务合成。文献[49]面向多供应商的环境，提出了一种基于贪心搜索算法(greedy search algorithm)的服务合成机制，以尽量少的时间消耗来寻找最优服务。文献[50]结合贪心搜索算法和遗传算法提出了一种服务合成机制，其中，由贪心搜索算法生成遗传算法所需的初始输入，作为遗传算法执行过程中的突变因素。

表 3.2 基于启发式算法的服务合成研究工作

分类	核心思想	相关文献	支持 QoS
基于传统启发式	基于图	文献[45]	✓
		文献[46]	✓
	基于强化学习	文献[47]	✓
		文献[48]	✓
	基于贪心搜索算法	文献[49]	✓
		文献[50]	×
基于元启发式	基于模拟退火算法	文献[51]	×
		文献[52]	✓
		文献[53]	✓
	基于遗传算法	文献[54]	✓
		文献[55]	✓
		文献[56]	✓
	基于蚁群优化算法	文献[57]	✓
		文献[58]	✓
		文献[59]	✓
	基于蜂群优化算法	文献[60]	×
		文献[61]	✓
		文献[62]	✓

还有一些研究工作利用元启发式算法提出服务合成机制，其中一部分利用仿自然的启发式算法进行相关机制设计，如基于模拟退火算法(simulated annealing algorithm)和基于遗传算法(genetic algorithm)等。文献[51]通过考虑服务合成组件的非功能属性提出了一种服务选择方案，并且结合模拟退火算法和邻域搜索方法来实现动态的服务合成。文献[52]基于模拟退火算法提出了一种有效的服务选择和组件组合方案，用来寻找满足 QoS 特定属性需求的最优组件，同时减少成本和时间消耗。文献[53]通过把服务的 QoS 参数值作为概率质量函数的离散随机变量来解决服务选择问题，该方案利用模拟退火算法来渐进性地调整初始服务配置。文献[54]设计了一种新型的遗传算法来优化服务选择及合成方案，利用局部优化器来改善总体的 QoS 参数值，同时降低违反约束的概率。文献[55]通过同时考虑定量和定性的非功能属性，提出了一种服务合成模型，该模型的服务合成机制由

两种算法支持，一种结合了局部选择方法和全局优化方法，另一种则基于遗传算法。文献[56]通过研究服务的组合特点，提出了一种 QoS 感知的遗传算法用于服务合成问题，并且可以实现一次运行即可从所有组合中选出满足用户 QoS 需求的目标。

另一部分利用仿生物的启发式算法进行服务合成相关机制设计，如基于蚁群优化(ant colony optimization)算法和基于蜂群优化(bee colony optimization)算法等。文献[57]依据蚁群行为提出了一种服务合成技术，该技术通过结合服务合成图模型和蚁群优化算法来确定最优的组合方案。文献[58]基于改进的蚁群优化算法提出了一种 QoS 感知的动态服务合成优化机制，该改进的蚁群优化算法用于处理多目标多选择问题，使其在分布式的环境中更好地实现 QoS。文献[59]首先把以流结构组合服务的方式分解为并行的操作，然后把每个并行的操作映射为多目标多路径问题，最后提出了改进型的蚁群算法来解决该问题。文献[60]提出了一种基于自然蜂群行为的服务合成机制，该机制利用组合图模型和矩阵语义连接来选择最优的组合方案，能够在不考虑整体搜索空间和避免局部最优停滞的情况下进一步优化选择过程。文献[61]提出了一种改进的人工蜂群方案来支持 QoS 感知的服务合成，该方案利用贪心邻域搜索来获得类似于连续函数的搜索空间，从而实现最优服务合成过程的连续性。文献[62]设计了一种多目标蜂群优化方案来解决最优服务合成问题，该方案可以在用户的约束条件下生成一系列的帕累托优化结果来优化合成服务总体的 QoS。

3.2　网络功能及服务选择机制

3.2.1　基于局部信息的选择机制

一些典型的研究工作通过对多样化的网络功能及服务进行调用和配置，基于局部信息对网络功能及服务进行选择，以多种功能及服务相协作的方式为网络应用提供端到端的路由服务。

文献[63]提出了一种端到端的 QoS 框架模型，即自适应带宽重配置 QoS 框架(self-adaptive bandwidth reconfiguration QoS framework, SAR)。SAR 主要选择资源监控功能、准入控制功能和端到端带宽预留功能进行协同作用来提供端到端的 QoS 保证。SAR 利用了动态的带宽重配置方案来适应短期和长期的流量及负载变化，同时通过提供最低服务保证和不同类型流之间的带宽分配来解决随需多变的 QoS 路径问题。

文献[64]通过考虑可选服务的服务质量可能依赖于其他功能或服务的应用场景，提出了支持服务关联的 QoS 描述模型，来刻画服务质量与服务之间的依赖关系，并且设计了支持服务关联的功能或服务选择方法，从而使选择结果能够有效地提高服务质量，进而更优地满足用户的服务需求。

文献[65]提出了一种结合任务控制模型和模糊控制模型的中间件控制框架，通过动态地控制内部参数和重新调配相关功能或服务的配置，从而提高路由服务决策的有效性。文献[66]提出以服务为驱动的路由配置方案，其通过在每个节点配置一组相应的服务或功能模块来改善通信路径的传输能力，从而达到优化 QoS 的目的。文献[67]提出了一种基于智能构件的网络功能及服务的发现、调用和配置机制，通过 QoS 信息对备选功能及服务进行排序操作，从而提高配置网络功能及路由服务时的效率。文献[68]提出了一种避免拥塞的路由服务配置算法，该算法通过选择并组合本地 QoS 相关的控制功能，来优化本地服务的生成决策。

虽然以上研究工作通过选择合适的网络功能及服务，并对它们进行协作或组合搭配来配置和提供路由服务，同时还考虑了 QoS 因素，但这些工作中提出的网络功能及服务的选择和调配模式相对固定，不具备良好的可扩展能力，难以从全局网络视图依据全局信息实现动态的和复杂的路由服务配置目的，在适应网络频繁多变的流量状态和满足用户多种多样的需求方面还有较大欠缺。

3.2.2　基于全局信息的选择机制

近年来，一些研究工作利用 SDN 控制平面和数据平面相解耦的联网思想，提出以计算智能高度集中的控制平面实施复杂的网络功能调配策略，从全局角度实现服务配置的实时性和动态性等特性。例如，文献[69]利用 SDN 思想为视频流类型的应用提出了一种支持 QoS 的路由配置方案，把底层的数据分组分别拓展为两种级别的 QoS 流，来减少不同网络负载情形下的分组丢失率。文献[70]利用 SDN、OpenFlow 和网络即服务(network as a service, NaaS)提出了网络控制层的软件框架结构，用来解决服务的 QoS 局限性并以此提供端到端的服务。文献[71]提出利用 SDN 的控制框架来提供支持 QoS 的服务，该框架能够依据收集的网络状态信息对全网资源进行监控，并以此进行动态且灵活的网络编程实现流量管理，从而满足多媒体应用的 QoS 需求。文献[72]提出了一种可扩展的路由和资源管理模型来适应较大规模的 SDN，其侧重于端到端路径的流量分配，并利用负载均衡和路径调整功能来改善资源的利用率。文献[73]利用 SDN 的灵活性、集中控制视图和可编程性等特点，提出了一种实时规划的通信服务模型，通过优先队列等功能为每个流计算最优的传输路径。上述研究工作利用 SDN 控制与数据分离的集中式管理优势，基于全局网络视图以可编程的方式调配网络功能进行整体的路由服务设置，然而，许多独特且专业化的网络功能基于专用硬件，难以灵活且便捷地在任意通信路径上被调用，且不支持以可重用的方式进行多种方式的组装实现新型服务的快速定制。

因此，一些研究工作结合了 SDN 和 NFV 范型，利用 NFV 和专用硬件相解耦的思想，以服务链的方式对多种多样实例化的网络功能进行灵活的和快捷的调用与配置，克服传统上专用化功能的调用依赖物理设备位置的缺点，同时支持各功能组件的可扩展性、可重用性和可组装性，促进了服务的快速创新和定制。文献[74]提出了一种支持服务链即服务(service chain as a service, SCaaS)的开放式平台，利用 SDN 和 NFV 的优点实施服务链策略，通过对网络功能组件调用和配置实现服务设置目的。文献[75]提出通过动态地组合分布式的网络功能组件来进行服务合成和设置，从而实现 NaaS 的目的。文献[76]通过研究如何最优分解和嵌入网络服务问题，基于 SDN 和 NFV 提出了两种新型的算法把网络服务链映射到网络设施上，同时最小化映射成本。文献[77]利用 SDN 和 NFV 设计了一个组合优化模型，用来对动态的功能组合进行描述，同时，利用马尔可夫近似方法，提出了一个分布式的算法来解决组合优化问题。文献[78]利用 SDN 和 NFV 提出了一种服务链实例化框架，通过描述语言把网络功能组件抽象为原子功能，并利用形式化的方法对服务链进行实例化处理。文献[79]利用 SDN 和 NFV 提出了下一代覆盖网的架构模型，利用网络控制层的可编程能力和面向服务的抽象来优化服务的交付过程。

3.3　网络功能及服务部署机制

尽管多种多样的网络功能被开发出来负责对数据分组进行多样化的处理及转发操作，从而满足使用不同类型网络应用进行通信时差异化和独特化的需求情形。然而，网络功能的数量非常繁多，交换机的计算能力和存储能力都是有限的，不可能把所有可能用到的网络功能都部署到每个交换机里，因此，如何合理地规划不同网络功能的部署位置，从而在面向用户随时出现的通信需求时，能够快速且准确地调用到合适的功能，并在相应的通信路径上组装定制化的路由服务成为挑战。

3.3.1 实时部署机制

当前，一些研究工作主要面向实时地部署网络功能，即依据实时接收到的应用通信需求或侦测到的网络流量变化信息，即时地在合适的交换机中部署所需的网络功能，从而合成并提供合适的服务。

文献[80]首先对为服务链(service chains, SCs)提供弹性特性来避免单链路或单节点故障的方法进行了研究分析;然后依据虚拟化的网络功能SCs，提出了三种整数线性规划模型来解决虚拟化网络功能的放置问题，并且使其具备避免单节点/链路、单链路和单节点故障的弹性特性；最后还评估了SCs 延迟对虚拟化网络功能分布的影响。

文献[81]首先规划了网络功能放置问题，并且把路由问题作为混合整数线性规划问题；然后通过对网络功能放置问题进行规划，不仅可以用来确定服务和流路由的放置，而且可以用来谋求最小化资源利用率；最后设计了启发式的算法来支持大规模流问题，并使新进入的流不会对已存在的流产生影响。

文献[82]引入了弹性的虚拟化网络功能放置问题，并提出了一种使提供虚拟化网络功能服务时成本最小的模型，用来计算弹性开销问题。另外，设计了优化虚拟化网络功能实例放置的方案。文献[83]把虚拟化网络功能放置和组链作为一个优化问题，并提出了一种启发式的算法来应对该问题。该算法结合了可变邻域搜索元启发式算法来有效地搜索功能放置和组链空间，在满足网络流量需求和约束的条件下实现最小化资源分配的目标。文献[84]提出了一种网络功能部署和供给策略，该策略不仅考虑了服务质量的需求参数(响应时间和延迟约束等)，还采用了排队论和相应的 QoS 模型来实现优化资源利用率和避免违反服务协议等级等目标。

然而，依据实时的应用需求或网络流量信息即时地在相应的交换机中部署所需的网络功能可能会带来一些严重问题，例如，当短时间内请求的数量很大时，可能导致因需要部署的网络功能数量较多导致多数功能无法及时部署，引起服务响应及供给时延过长或网络流量拥塞等问题。

3.3.2　提前部署机制

还有一些研究工作提出以预测的方式，依据未来功能需求或网络流量波动信息提前把合适的网络功能部署到各交换机中，从而使未来时间段可能被大量需求的功能能够被及时调用并组装服务，来有效地减少服务供给延迟，同时更主动地规划网络流量应对未来需求。

文献[85]提出了一种新型方案，依据网络流量波动动态地提前部署虚拟化网络功能，而无须实时地对大规模的功能进行迁移。该方案基于模型预测控制方法，通过预测未来可能的需求对功能进行提前部署并分配足够的资源。

文献[86]首先分析了服务链的部署问题，试图将虚拟化网络功能部署在网络节点上，并利用链接映射方法以序列的形式来连接各虚拟化网络功能；然后规划了一个整数线性规划模型，来最小化整个服务链的部署成本。最后通过预测未来功能被需求情况，提出了一个以预测为辅助的在线服务链部署算法。

上述研究工作基于预测对一些合适的网络功能进行提前部署，这样可以避免未来因短时间内需要同时部署大量功能而导致的严重问题。然而，它们主要依据流量特性进行预测，并没有针对网络功能本身对不同类型应用的流行度进行预测，并且，没有辅以实时部署方案可能导致无法有效处理未预测到的功能需求情形。

3.4　引入计算经济模型的服务供给机制

在当前商业化网络运营的模式下，ISP为用户提供服务并不是简单地按需供给，还需要考虑多方面市场因素(如经济利益、供求关系等)的影响，例如，ISP关注最大化其经济利润[87]，而用户关注最优化其服务体验[88]。另外，网络活动的多方参与者之间(如多ISP之间、多用户之间以及多ISP和多用户之间)还存在着合作、竞争、博弈、均衡等复杂关系。因此，服务的供给机制需要引入相关的经济模型进行调控和优化，使参与到服务合成及供给过程的各利益相关方达到共赢的目的。

一些研究工作引入博弈论、帕累托优化、匹配算法等经济模型及方法以考虑服务合成及供给中各参与方的利益问题。文献[89]利用非合作博弈论的原理来获取用户之间的竞争行为，并把服务链合成问题形式化为一个原子的加权拥塞博弈问题加以解决。文献[90]考虑了用户和服务提供商之间的利益冲突问题，基于共赢策略提出了一种服务合成方案，来实现用户和服务提供商双方的利益在纳什均衡下达到帕累托最优。文献[91]基于博弈论方法和服务体验框架，提出了一种多主体多目标的服务提供系统，包含三种不同的博弈方法，每种方法都用来减少服务成本和延迟。文献[92]提出了一个基于群体智能的 QoS 路由协议，利用模糊数学来描述不准确的路由和 QoS 信息，以博弈论思想来考虑用户和网络服务提供商的效用，而且基于多智能体导航算法，该协议能够找到在纳什均衡下使用户和服务提供商效用达到帕累托最优的 QoS 路径。文献[93]提出了一种利益均衡驱动的服务选择方法，并基于博弈论方法为服务请求者和服务提供者设计了一种效用评估方案。

还有一些研究工作提出用户利益评估模型、ISP 利益评估模型或两种模型相结合进行服务合成及供给。例如，文献[94]把用户分为三种类型来说明用户的服务偏好，分别为追求最优服务质量、追求服务性价比和对服务讨价还价三类，从而更好地为用户提供合适的服务以适应用户需求。文献[95]以提供最优服务为不同类偏好的用户划分了不同等级，并利用中断机制来动态地配置服务的 QoS，从而满足不同用户的需求效用。文献[96]提出了一种基于 QoS 的动态服务定价机制，不仅考虑了尽量提高用户对服务的满意等级，而且通过动态定价策略使服务提供商的经济利润达到最优。文献[97]提出了两种优化模型，第一种模型用来最小化服务覆盖网络的成本，第二种模型基于期望增益和预算约束来选择可以服务的用户，从而最大化服务提供商的经济利润。文献[98]提出了一种服务等级协议感知的服务供给框架，通过综合考虑服务的性能需求和相关的 QoS 参数来进行服务交付，使服务提供商和服务消费者双方获益。

3.5 本 章 小 结

本章主要从服务合成技术、网络功能及服务选择机制和引入计算经济模型的服务供给机制几个方面对相关研究工作进行分类描述和分析比较，可以看出现有工作和技术还存在一些不足且需要改进。

第 4 章　自适应路由服务规模化定制

4.1　引　　言

随着网络技术的快速发展和网络规模的迅速扩大，各种各样的新型网络应用不断涌现(如视频点播、视频直播、网络游戏、视频会议等)，而且，越来越多的用户参与到网络环境中，并利用多种多样的网络应用进行数据通信等网络活动。然而，当前更加复杂的网络应用对实时性、高交互、高带宽、低延迟等特性的要求，尤其是不同用户对同类型网络应用也存在着复杂多样且频繁多变的通信需求，使传统的通用化路由服务配置模式难以应对。因此，面向不同用户对不同类型网络应用差异化的通信需求，对独特路由服务的定制化需要越来越迫切。

对于每个用户来说，都期望可以获得最优满足其独特通信需求的路由服务，然而，面向规模如此巨大的用户对各类型网络应用多样化和个性化的通信需求，如果 ISP 每次都单独地为每个用户独立定制每个路由服务，显然难以承担且难以实现，因为这不仅意味着过量的资源消耗、过高的定制成本、过长的服务响应和过度的技术支出等，还会导致定制化的路由服务价格过于高昂以使用户更加难以获得其偏好的服务。由此，本章提出自适应路由服务的规模化定制机制，不仅以大规模的方式合成路由服务，而且使合成的服务可以满足相应用户独特的通信需求。

基于软件定义思想，利用面向服务的软件工程方法，本章提出开放式的路由即服务(routing as a service, RaaS)：自适应路由服务规模化定制机制，在路由服务的合成过程中引入 DSPL，用来对支持不同类型网络应用通信的一系列路由服务的通用性属性和可变性属性进行分析和定义，获得多样化的路由服务产品线模型，并基于该模型动态地选择和重用相应的路由服务产品族的核心资产(即共性和特性)，依据差异化的需求情形以产品线的方式快速地组装定制化的路由服务，实现规模化定制的目标，从而避免每次都因为新型的或差异的需求情形独立地对每个路由服务从零开始进行分析、设计和合成操作。

另外，本章设计两层路由服务产品线属性模型，依据该模型的非功能属性层中 ISP 和用户双方的非功能性需求属性，指导功能属性层中多样化网络功能的选择。设计路由服务产品线一致性正交变化模型，用来追踪路由服务定制中各可变点和可变量在各相关模型中的一致性，同时，保证实时调整路由服务时所涉及的各可变点和可变量的准确性。另外，提出形式化的定义和描述方法，对路由服务定制进行抽象，并且依据该抽象模型设计一个案例实现在考虑用户的服务体验前提下最优化 ISP 的经济利润。

4.2　RaaS 系统机制建模

基于软件定义思想，利用 DSPL、SDN 和 NFV，对 RaaS 系统机制进行建模，该模型框架主要包括物理层、资源层、路由服务层和应用层，依据 ISP 和用户双方的需求情形，四层之间进行相互协作实现规模化定制路由服务的目标。RaaS 系统机制建模如图 4.1 所示。

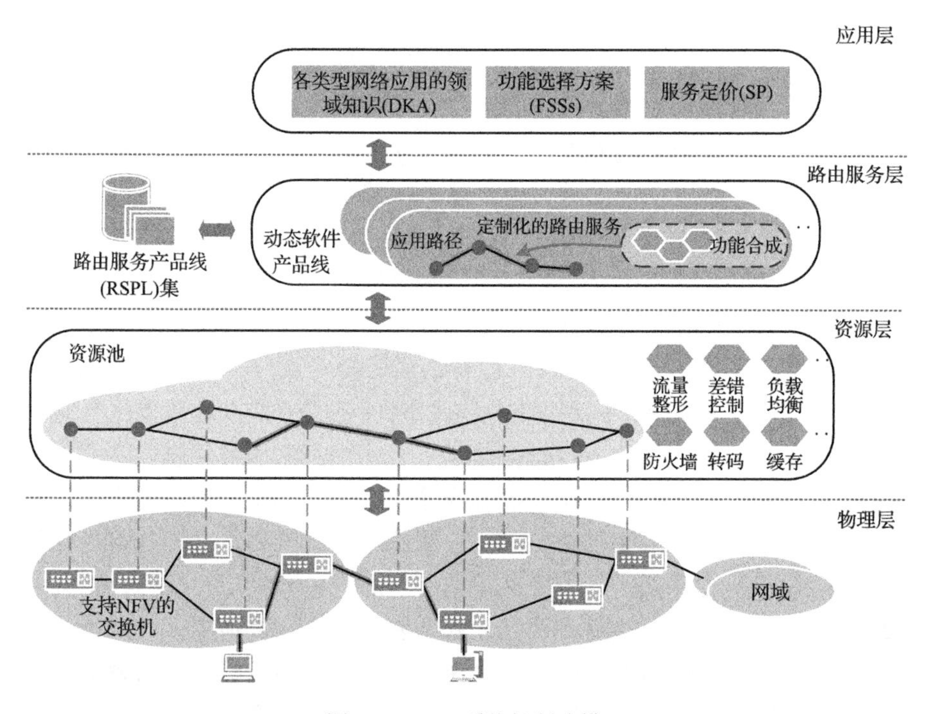

图 4.1　RaaS 系统机制建模

物理层负责依据上层下发的规则对分组进行处理及转发操作，其由一系列相连的网域构成，各网域可以依据不同的联网模式在不同的环境下构建，但每个网域都由大量标准的通用化转发设备(即支持 NFV 的交换机[10])互连形成。交换机基于通用化硬件平台搭建，支持系统上层以可编程的方式实时地向交换机写入其所需的网络功能实例，在各网络应用的通信路径上组装独特的定制化路由服务。

资源层对底层的物理网络资源进行虚拟化，使之形成可以被统一监视、控制和管理的资源池。在资源池中，底层的交换机和链路被分别虚拟化为逻辑节点和逻辑链路并形成虚拟化的网络视图，而且，还包含多种多样以模块化和标准化的方式设计的网络功能组件，由此可被分发和部署到相应的交换机中。资源池的建立不仅为上层定制路由服务提供了全局性网络视图，而且促进了全网资源及功能的统一分配和调度。

路由服务层是 RaaS 系统机制中自适应路由服务规模化定制的决策中心。其包含依据各类型网络应用所需路由服务的领域知识所建立的多样化路由服务产品线(routing service product line, RSPL)集，作为实现路由服务大规模定制的基础。在 RSPL 集中，包含了针对不同需求情形的可变点和可变量设计，分别对应于组装路由服务时多种可行的功能选择及组合情形。由此，基于 RSPL 集中所定义的可变点和可变量，在网络应用的通信路径上快速地调用并组装合适的功能合成定制化的路由服务。

应用层通过实施全网的路由控制逻辑来支持路由服务层。在应用层中，本章规划了三种控制实例来指导路由服务层对路由服务的定制化操作，如图 4.1 所示。其中，各类型网络应用的领域知识(domain knowledge for different types of applications, DKA)用来建立面向各类型应用的 RSPL，功能选择方案(function selection schemes, FSSs)和服务定价(service pricing, SP)策略用来为路由服务层提供可选的服务定制规则及定价方案。

4.3　路由服务产品线

4.3.1　可变点与可变量

当大规模的用户对不同类型的网络应用提出多样化和个性化的通信需求时，ISP 应该具备识别这些需求之间差异性的能力，并以此为用户快速地合成独特的路由服务，实现规模化定制路由服务的目的。本节利用 DSPL

思想建立多样化的 RSPL，并基于资源池中多种多样可被选择的网络功能来实现该目的。

首先对 RSPL 中的通用性(commonality)属性和可变性(variability)属性进行预先定义，其中，属性是指依据 DKA 可获得的各类型应用所需路由服务所有可能的外部可见特性，如功能组件、领域技术、所用协议及算法等。通用性属性是指基于某 RSPL 所能合成的所有路由服务都必须具备的属性，也称为强制属性(mandatory feature)，例如，所有网络电话(voice over IP, VoIP)类型的网络应用所需的路由服务都必须具备交互性属性。可变性属性是指基于某 RSPL 所能合成的所有路由服务不相同的属性，例如，对于支持文件传输类应用的路由服务，有些用户需要其具备保密性属性，有些用户可能不需要保密性属性而需要完整性属性。RSPL 中的可变性属性可以进一步划分为二选一(alternative)属性和多选(optional)属性。例如，连接性属性属于二选一属性，因为一个路由服务要么是面向连接的要么是无连接的；而 QoS 属性是一个可选属性，因为一个路由服务中可以同时包含一个或多个调节 QoS 的功能，即流量整形、差错控制、分组调度、缓冲分配等 QoS 相关的功能可以被单独或同时被选择作为同一个路由服务的组装组件来满足对 QoS 不同的需求，当然也可以一个 QoS 相关的功能都不选择，即对路由服务无 QoS 需求的情况。

在 RSPL 中，每个可变性属性(包括二选一属性和多选属性)都对应并关联于 RSPL 中的一个可变点(variation point)，并且每个可变点下有多个可被选择的可变量(variant)，由此，对路由服务的多项特性需求对应于多个可变点，可以满足每个特性需求的(即与该特性相关的)多个网络功能作为该特性对应可变点下的多个可变量。以这种方式，同时考虑 ISP 和用户双方的需求情形，基于 RSPL 中可变点处对可变量差异化的选择方式，来组装具备不同特性的定制化路由服务，其中，RSPL 中所定义的通用性属性和可变性属性如图 4.2 所示。

通过在 RSPL 中定义共性和特性，为路由服务的规模化定制提供了可重用的快速合成基础，并且可以促进定制化过程的灵活性和可扩展性，例如，对应于每个可变点处的多个可被选择的可变量，在 RSPL 中新的功能以可变量的形式加入或者已有功能以可变量的形式被替换。同时，可以有效地减少维护成本，例如，一旦某个功能发生变化，相应的改变会被同时传递到所有使用该功能的 RSPL 中，这样不仅可以快速且准确地追踪并调整每个使用该功能的服务，还可以有效减少独立地搜索所有使用该功能的服

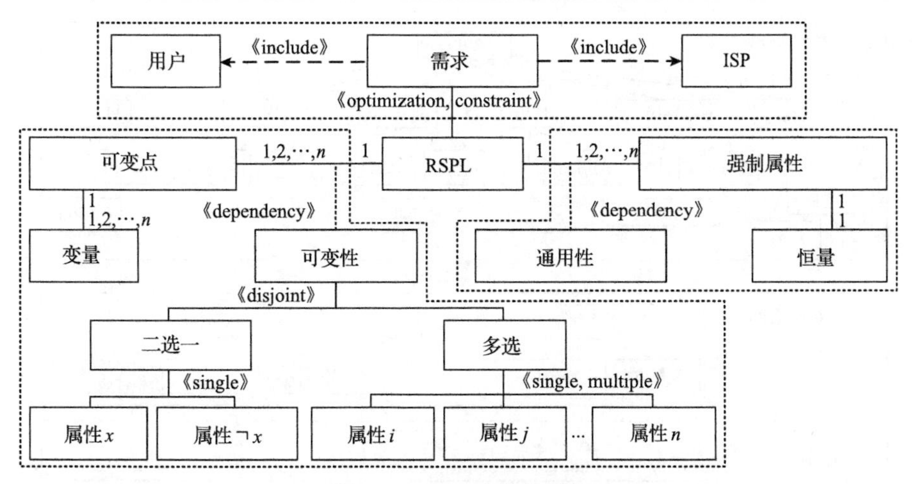

图 4.2　RSPL 中属性描述

务所带来的额外开销。另外，对大规模路由服务管理的复杂性被大大简化，例如，当用户的某项需求或者网络运行状态发生变化时，正在工作的路由服务不需要停止并从头开始重新定制，只需要组装相应服务的 RSPL 调整有限的发生变化的可变点(如其对应的特性需求)处的可变量(如可供候选的功能)即可。

4.3.2　属性模型

属性建模是指在 RSPL 中定义该软件产品线所能定制的所有软件产品存在的外部可见特性，并把它们组织为一个模型，即属性模型[99]。在本节中，考虑到可变性属性作为定制多样化和个性化路由服务的关键，依据上述可变点和需求特性之间、可变量和可选功能之间的对应关系描述，同时考虑 ISP 和用户双方的需求对可变点处选择可变量时的影响，设计了两层 RSPL 属性模型，如图 4.3 所示，其中，由非功能属性层中的需求情形指导功能属性层中多样化网络功能的选择。

在两层 RSPL 属性模型中，非功能属性层考虑了用户的服务体验，包括用户对服务的质量体验(user experience on service quality, UESQ)和用户对服务的价格体验(user experience on service price, UESP)，其中，UESQ 由路由服务的相关参数值来描述，这样，对 UESQ 的评估值可以由路由服务实际能提供的参数值计算获得，UESP 则可以由用户对服务的最大可接受价格和服务实际定价之间的关系来计算获得。非功能属性层同时还考虑了 ISP 的经济利益(ISP economic benefit)，相对于用户来说，ISP 则关注于其定制

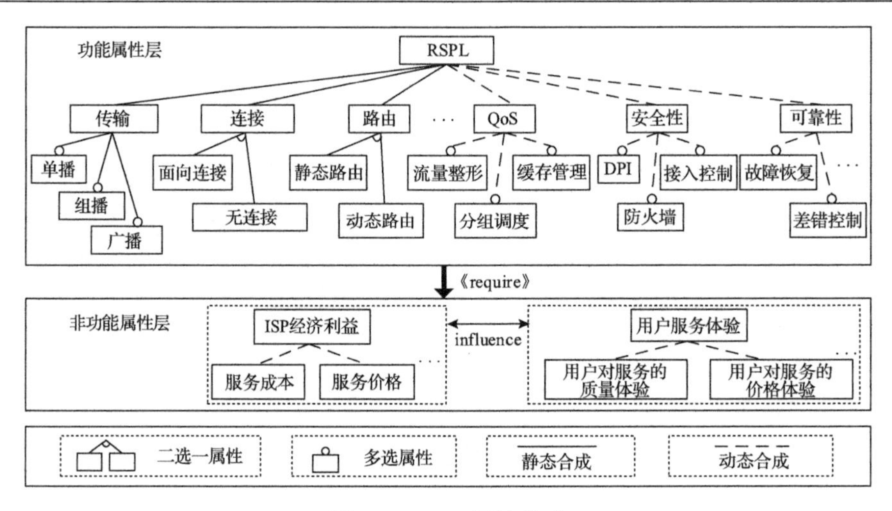

图 4.3　RSPL 属性模型

路由服务的成本，即依据不同的 FSSs 合成路由服务所花费的成本不同，而且需要在不过分降低 UESQ 的前提下制定合理的服务价格。在 4.4 节中，分别设计了针对 ISP 和用户的评估模型，并通过一个案例说明了 ISP 在选择 PSSs 和制定 SP 策略时应该注意的因素。

由此，基于两层 RSPL 属性模型，以定制化的路由服务作为独特的软件产品，以多种多样可被选择的网络功能作为组装该独特软件产品的各组件，依据非功能属性层中的需求情形对功能属性层中各特性下的功能进行选择，以产品线的方式快速组装满足不同需求特性的定制化路由服务，例如，图 4.3 中示例列举的 QoS 属性、安全性(security)属性、可靠性(reliability)属性等，从而实现规模化定制的目的。

4.3.3　一致性正交变化模型

在上述 RSPL 属性模型中，对可变性进行了详细的定义和阐述，依据 ISP 和用户双方的需求情形可以把可变性作为路由服务定制化的关键。本节针对 RSPL 中的可变点提出一致性正交变化模型，来追踪规模化定制路由服务时所涉及的各软件模型中可变点的一致性，如类图(class diagram)模型、用例图(use case diagram)模型和序列图(sequence diagram)模型等，从而根据以上视图模型从数据(data)、功能(function)和行为(action)等角度保证可变点的一致性。综合考虑 ISP 和用户双方的需求，以 RSPL 中 QoS 可变点为例，建立其一致性正交变化模型，如图 4.4 所示。

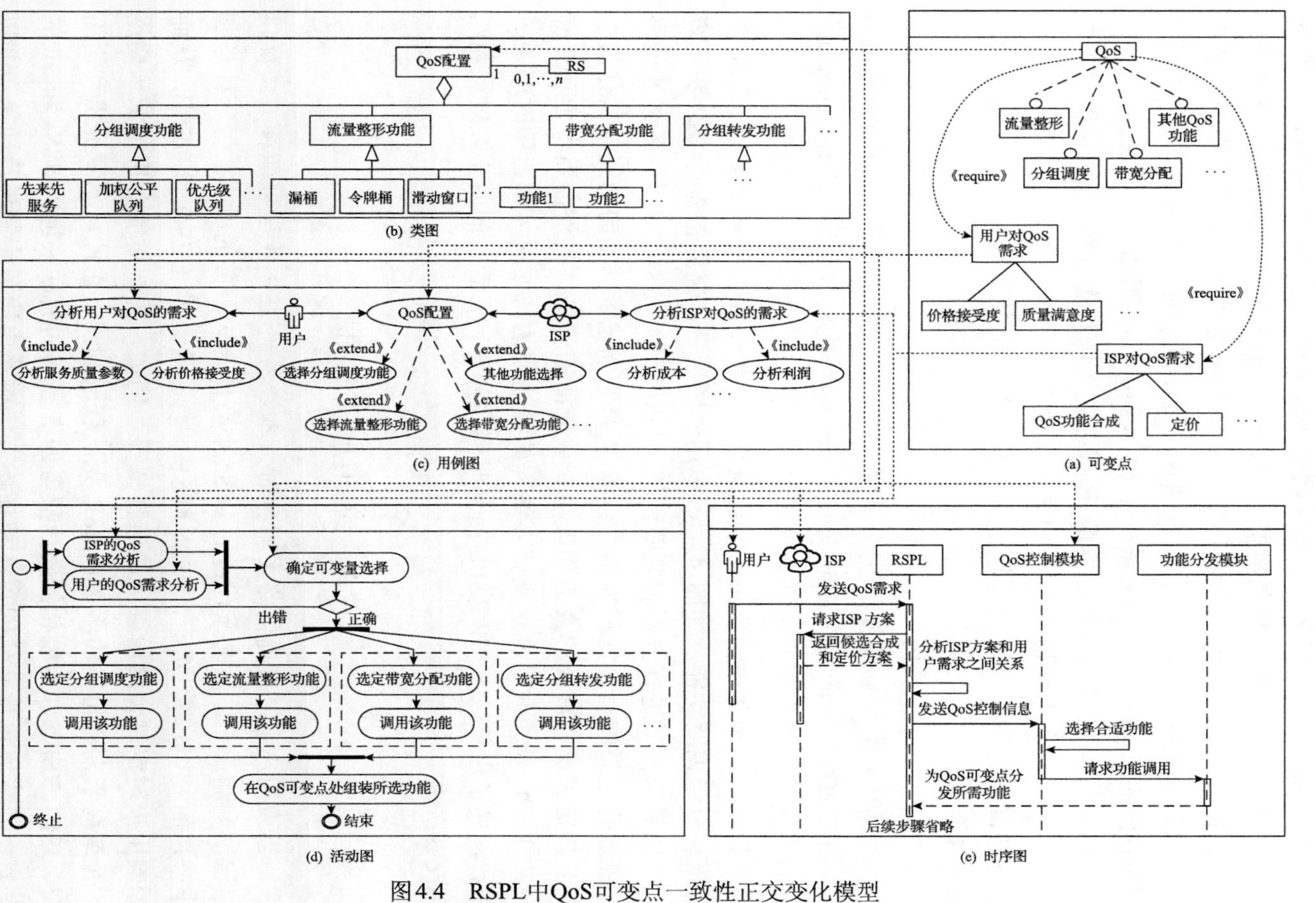

图 4.4　RSPL中QoS可变点一致性正交变化模型

在图 4.4 中，面向 RSPL 属性模型中的 QoS 可变点(图 4.4(a))，扩展并联系该可变点到其他相关模型，来追踪该可变点处网络功能选择及组合方式。RSPL 的一致性正交变化模型所涉及的图模型包括静态视图的类图(class diagram)(图 4.4(b))和用例图(use case diagram)(图 4.4(c))，还包括动态视图的活动图(activity diagram)(图 4.4(d))和时序图(sequence diagram)(图 4.4(e))。上述两种视图模型(即静态视图和动态视图)分别从结构特性和行为特性两个方面描述 QoS 可变点处对各可变量(即对应的网络功能)的选择情况，并且在不同的图模型中，可变性之间的关联关系由虚线连接，如图 4.4 所示。

如图 4.4(b)中类图所示，对可以配置和调节 QoS 各相关参数的多种可被选择的网络功能进行了划分和枚举，如先来先服务(first come first served)、加权公平队列(weighted fair queuing)、优先级队列(priority queuing)等协议及算法都可以提供分组调度能力，但它们之中最多只能有一个被选择作为一个定制化路由服务的功能组件，即一个路由服务最多只能同时执行一种分组调度功能。如图 4.4(c)中用例图所示，需要首先对 ISP 和用户双方的需求情形进行分析和判断，然后以此追踪 QoS 可变点处各候选网络功能选择结果的适合性和准确性。图 4.4(d)描述了动态的功能组装行为，并且规定了所有涉及的类的相关动作被激活的顺序，另外，当多个功能同时被 RSPL 调用时，其还支持多线程的描述方法。如图 4.4(e)中时序图所示，描述了用户、ISP 和 RSPL 面向时间序列时，三者之间的交互过程和消息交换关系。

4.4　路由服务定制

当为用户定制及提供路由服务时，本章考虑 ISP 主要以两种方式优化自己的利润：一种是选择合适的 FSSs 来降低合成服务的成本，另一种是制定合理的 SP 策略。然而，FSSs 和 SP 同样也会影响 UESQ 和 UESP，从而影响用户对定制化路由服务的选择情况，例如，用户可能会拒绝低于期望质量或高于期望价格的服务使 ISP 无法获取利润。由此，本章提出利用用户、ISP、RSPL 和定制化的路由服务四者之间的关联来进行 FSSs 和 SP 的制定，首先通过形式化的定义和描述方法对路由服务定制进行抽象，并以此抽象作为开发定制化路由服务的基础，然后利用上述抽象设计一个案例，在考虑用户服务体验的前提下优化 ISP 的利润。

4.4.1　路由服务抽象

定义 4.1　一个用户可以被定义为一个五元组 $\langle u_{\mathrm{id}}, \mathrm{crs}, R, \mathrm{ep}, \mathrm{hp}\rangle$。其中，$u_{\mathrm{id}}$ 为该用户的唯一标识；crs 为支持该用户通信需求的定制化路由服务；$R=\{r_1, r_2, \cdots, r_q \mid q\in \mathbf{N}_+\}$ 为用户对路由服务的需求集合；ep 和 hp 分别表示用户对路由服务的期望价格和最高可接受价格。该五元组可用于建模用户的服务体验(user service experience, USE)。

定义 4.2　一个 ISP 可以被定义为一个五元组 $\langle \mathrm{DKA}, \mathrm{RSPL}, \mathrm{FSS}, C, \mathrm{sp}\rangle$。其中，$\mathrm{DKA}=\{\mathrm{dka}_1, \mathrm{dka}_2, \cdots, \mathrm{dka}_p \mid p\in \mathbf{N}_+\}$ 为各类型网络应用的领域知识集合，每个元素表示一种确定类型应用的领域知识；$\mathrm{RSPL}=\{\mathrm{rspl}_1, \mathrm{rspl}_2, \cdots, \mathrm{rspl}_p \mid p\in \mathbf{N}_+\}$ 为 RSPL 集合，其中每个元素依据 DKA 中相对应的元素来构建，例如，rspl_i 由相应类型应用的 dka_i 来构建；$\mathrm{FSS}=\{\mathrm{fss}_1, \mathrm{fss}_2, \cdots, \mathrm{fss}_n \mid n\in \mathbf{N}_+\}$ 为网络功能选择方案集合，ISP 可从集合中选择一种方案进行服务合成；$C=\{c_1, c_2, \cdots, c_n \mid n\in \mathbf{N}_+\}$ 为执行 FSS 中不同的方案所需的成本集合，例如，以 fss_i 合成服务所需的成本为 c_i；sp 为 ISP 的服务定价策略。该五元组可用于建模定制及提供路由服务时 ISP 的经济利益(ISP economic benefit, IEB)。

定义 4.3　一个 RSPL 可以被定义为一个五元组 $\langle \mathrm{rspl}_{\mathrm{id}}, \mathrm{dka}_{\mathrm{id}}, \mathrm{CF}, \mathrm{DF}, \mathrm{NF}\rangle$。其中，$\mathrm{rspl}_{\mathrm{id}}$ 为该 RSPL 的唯一标识；$\mathrm{dka}_{\mathrm{id}}$ 为建立该 RSPL 所需的网络应用领域知识，且 $\mathrm{dka}_{\mathrm{id}}\in \mathrm{DKA}$；$\mathrm{CF}=\{\mathrm{cf}_1, \mathrm{cf}_2, \cdots, \mathrm{cf}_u \mid u\in \mathbf{N}_+\}$ 和 $\mathrm{DF}=\{\mathrm{df}_1, \mathrm{df}_2, \cdots, \mathrm{df}_v \mid v\in \mathbf{N}_+\}$ 分别为依据 $\mathrm{dka}_{\mathrm{id}}$ 在 RSPL 中所定义的通用性属性集合和可变性属性集合；$\mathrm{NF}=\{\mathrm{nf}_1, \mathrm{nf}_2, \cdots, \mathrm{nf}_w \mid w\in \mathbf{N}_+\}$ 为基于该 RSPL 来定制路由服务时的所有可被选择的网络功能集合。该五元组可用于对 RSPL 进行建模，并且作为规模化定制路由服务的基础。

定义 4.4　一个定制化的路由服务(customized routing service, CRS)可以被定义为一个六元组 $\langle \mathrm{crs}_{\mathrm{id}}, \mathrm{Pac}, e_1, e_2, \mathrm{fs}, \mathrm{SRF}\rangle$。其中，$\mathrm{crs}_{\mathrm{id}}$ 为该 CRS 的唯一标识；e_1 和 e_2 为该 CRS 的两个端点；$\mathrm{Pac}=\{\mathrm{pac}_1, \mathrm{pac}_2, \cdots, \mathrm{pac}_e \mid e\in \mathbf{N}_+\}$ 为被该 CRS 所处理及转发的分组集合；fs 为 Pac 被该 CRS 处理及转发后状态，如传输速率、分组大小、丢失率等；SRF 为组装该 CRS 所有的网络功能集合，且 $\mathrm{SRF}\subseteq \mathrm{NF}$。当 Pac 中分组由 CRS 一个端点(如 e_1)进入，这些分组被 SRF 中各功能进行处理，最后由 CRS 另一个端点(如 e_2)以状态 fs 被转发出去。

定义 4.5　一个网络功能被定义为一个四元组 $\langle \mathrm{nf}_{\mathrm{id}}, \mathrm{inp}, \mathrm{op}, \mathrm{CM}\rangle$。其中，

nf_{id}为该网络功能的唯一标识，$nf_{id} \in NF$；inp 和 op 分别为该网络功能的入端口和出端口；$CM = \{pullm, pushm, uncertainm\}$为端口的连接模式集合。其中，pullm 表示拉模式，用于把被另一个功能处理结束的分组拉向本功能；pushm 表示推模式，用于把本功能处理结束的分组推向另一个功能；uncertainm 表示不确定模式，作为拉模式端口和推模式端口之间的连接器。inp 要么是 pullm 要么是 uncertainm，而 op 要么是 pushm 要么是 uncertainm。一个网络功能中 pullm 的 inp 只能连接另一个网络功能中 uncertainm 的 op。一个网络功能中 pushm 的 op 只能连接另一个网络功能中 uncertainm 的 inp。

定义 4.6　操作“•”定义为从一个集合中选择一个元素，例如，$NF \cdot nf_i$表示从 NF 中选择 nf_i。

定义 4.7　操作 put 定义为把一个功能加入一个 CRS 中，例如，$put(nf_i, crs_k)$表示把 nf_i 加入 crs_k 中。

定义 4.8　操作 del 定义为把一个功能从一个 CRS 中删除，例如，$del(nf_i, crs_k)$表示把 nf_i 从 crs_k 中删除。

推论 4.1　把 CRS 中的一个功能由另一个功能替换的操作可以由一次“•”操作、一次 del 操作和一次 put 操作实现。

推论 4.2　合成 CRS 的操作可以由 x 次“•”操作和 x 次 put 操作实现，$x \in \mathbf{N}_+$。

定义 4.9　操作 push 定义为把已经准备好的分组推向一个功能，如果一个 push 操作被 nf_i 执行，则 nf_i 为 push 操作的源功能(即分组上一次由 nf_i 处理)。

定义 4.10　操作 pull 定义为把已经准备好的分组拉向一个功能，如果一个 pull 操作被 nf_i 执行，则 nf_i 为 pull 操作的目的功能(即分组下一次将由 nf_i 处理)。

推论 4.3　CRS 处理及转发分组的完整操作可由组成该服务的功能进行 x 次 push 操作和 y 次 pull 操作实现，$x, y \in \mathbf{N}_+$。

命题 4.1　定制路由服务时对 FSSs 的选择和 SP 策略的制定需要在优化 USE 的前提下最大化 IEB。

命题 4.2　CRS 的合成必须基于确定的 RSPL 进行 FSSs 选择。

命题 4.3　CRS 可被抽象为一个有向无环图(directed acyclic graph)。组成 CRS 的各网络功能可以被视为图中的节点，各功能间通过 push 操作和 pull 操作对处理结束或将被处理的分组进行功能间传递，如图 4.5 所示。

命题 4.4　已经被组装的 CRS 可以依据相应的 RSPL 以 put 操作、del

操作和替换操作实现实时调整和改进。

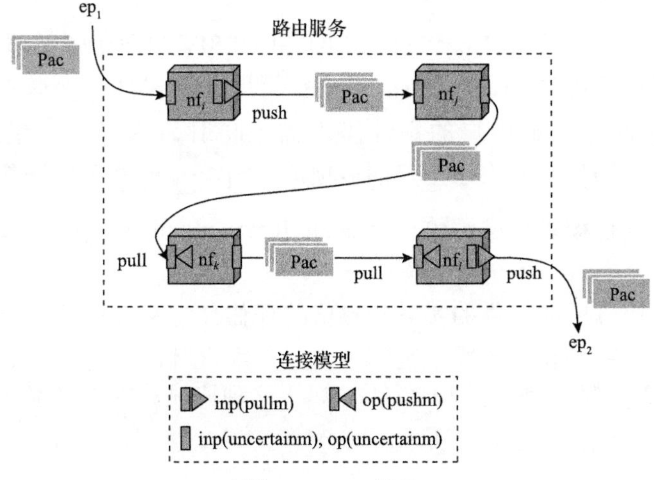

图 4.5　CRS 抽象

基于上述定义和描述，RSPL、IEB、CRS 和 USE 之间的关系如图 4.6 所示。

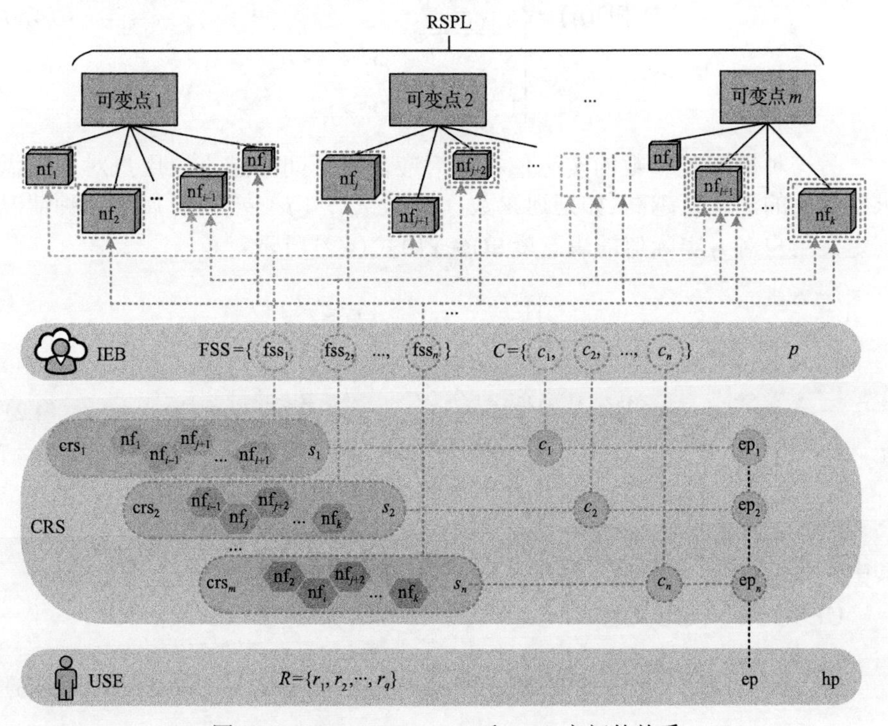

图 4.6　RSPL、IEB、CRS 和 USE 之间的关系

4.4.2 用户服务体验评估

用户服务体验即 USE，包括 UESQ 和 UESP。由于用户对事物的判断往往遵循高斯分布(Gaussian distribution)[100]，在本节中，面向 UESQ，利用参数的区间形式把用户的定性需求描述映射为明确的定量需求，如 $[r_1^l, r_1^h]$，…，$[r_q^l, r_q^h]$ 分别表示用户的多项需求 r_1，…，r_q 所对应的参数区间，然后使用高斯模糊隶属度函数(Gaussian fuzzy membership function)[101]来计算 UESQ。

对路由服务所能提供的实际参数值的评估分为两种情况，一种情况是参数的实际值在其相应的需求区间中越大，用户对该项需求参数的满意度越高(如带宽参数)。假设 $r_i(1 \leqslant i \leqslant q)$ 属于这种情况，则定义用户对 r_i 实际值的满意度 $\mathrm{SD}(r_i)$ 如式(4.1)所示：

$$\mathrm{SD}(r_i)=\begin{cases}0, & r_i<r_i^l \\ \varepsilon, & r_i=r_i^l \\ \mathrm{e}^{-\frac{(r_i^h-r_i)^2}{(r_i-r_i^l)^2}}, & r_i^l<r_i<r_i^h \\ 1, & r_i \geqslant r_i^h\end{cases} \tag{4.1}$$

另一种情况是参数的实际值在其对应需求区间中越小，用户对该项需求参数值的满意度越高(如延迟参数)。假设 $r_j(1 \leqslant j \leqslant q, j \neq i)$ 属于这种情况，则定义用户对 r_j 实际值的满意度 $\mathrm{SD}(r_j)$ 如式(4.2)所示：

$$\mathrm{SD}(r_j)=\begin{cases}1, & r_j \leqslant r_j^l \\ 1-\mathrm{e}^{-\frac{(r_j^h-r_j)^2}{(r_j-r_j^l)^2}}, & r_j^l<r_j<r_j^h \\ \varepsilon, & r_j=r_j^h \\ 0, & r_j>r_j^h\end{cases} \tag{4.2}$$

其中，$0<\varepsilon \ll 1$。

UESQ 可以被定义为

$$\mathrm{UESQ}=\sum_{l=1}^{q} \omega_{r_l} \times \mathrm{SD}(r_l) \tag{4.3}$$

其中，ω_{r_l} 为需求参数 r_l 对 UESQ 的相对重要程度(即权值)，且 $0 \leqslant \omega_{r_l} \leqslant 1$，$\sum_{l=1}^{q} \omega_{r_l} = 1$。

对于 UESP 来说，本节考虑 UESP 被 ISP 对服务的实际定价 p、用户期望价格 ep 和用户最高可接受价格 hp 三个因素影响，UESP 可以被定义为

$$\text{UESP}=\begin{cases} 1, & p \leqslant \text{ep} \\ 1-\dfrac{p-\text{ep}}{\text{hp}-\text{ep}}, & \text{ep} < p < \text{hp} \\ \varepsilon, & p = \text{hp} \\ 0, & p > \text{hp} \end{cases} \tag{4.4}$$

由上所述，综合考虑 UESQ 和 UESP 来确定 USE，如果这两个值中任何一个过低，用户就要承受较坏的服务体验，则定义 USE 为

$$\text{USE}=\text{UESQ} \times \text{UESP} \tag{4.5}$$

4.4.3 ISP 利益评估

为了达到最优化 IEB 的目标，ISP 应该从 FSSs 中选择合适的 FSS 并制定合理的 SP 策略入手。假设使用 fss_i 来合成服务 crs_i 所需的成本为 c_i，并且定义 p 为 ISP 为 crs_i 制定的价格，$\text{fss}_i \in \text{FSS}$，$c_i \in C$，则 ISP 所期望由路由服务 crs_i 获得的利润定义 pro_i 如式(4.6)所示：

$$\text{pro}_i=(p-c_i) \times \text{USE}(\text{crs}_i, p) \tag{4.6}$$

其中，$\text{USE}(\text{crs}_i, p)$ 为依据式(4.5)由 fss_i 合成且定价为 p 的服务 crs_i 的 USE，并且作为用户接受该服务的可能性(概率)。依据式(4.3)和式(4.4)，式(4.6)可以扩展为

$$\begin{aligned} \text{pro}_i &= (p-c_i) \times (\text{UESQ}(\text{crs}_i) \times \text{UESP}(p)) \\ &= (p-c_i) \times \begin{cases} \text{UESQ}(\text{crs}_i), & p \leqslant \text{ep} \\ \text{UESQ}(\text{crs}_i) \times \left(1-\dfrac{p-\text{ep}}{\text{hp}-\text{ep}}\right), & \text{ep} < p < \text{hp} \\ \text{UESQ}(\text{crs}_i) \times \varepsilon, & p = \text{hp} \\ 0, & p > \text{hp} \end{cases} \end{aligned} \tag{4.7}$$

事实上，用户显然明确地知道其所期望的服务价格(即 ep)，而 ISP 并不确切知道。假设 ISP 可以通过其历史经验数据获得用户所能接受的最高价格(即 hp)，则对于 ISP 来说，ep 属于[0，hp]并符合某种确切的分布函数 F。由此，ISP 使用 $F(\mathrm{ep})$作为用户的期望价格，并依据 $F(\mathrm{ep})$制定其 SP 策略来最优化其利润。用 $F(\mathrm{ep})$替代 ep，则式(4.7)可以表示为

$$\mathrm{pro}_i'=(p-c_i)\times(\mathrm{UESQ}(\mathrm{crs}_i)\times\mathrm{UESP}(p))$$
$$=(p-c_i)\times\begin{cases}\mathrm{UESQ}(\mathrm{crs}_i), & p\leqslant F(\mathrm{ep})\\ \mathrm{UESQ}(\mathrm{crs}_i)\times\left(1-\dfrac{p-F(\mathrm{ep})}{\mathrm{hp}-F(\mathrm{ep})}\right), & F(\mathrm{ep})<p<\mathrm{hp}\\ \mathrm{UESQ}(\mathrm{crs}_i)\times\varepsilon, & p=\mathrm{hp}\\ 0, & p>\mathrm{hp}\end{cases} \tag{4.8}$$

在式(4.8)中，c_i 是已知的，$\mathrm{UESQ}(\mathrm{crs}_i)$ 可由式(4.3)获得。当 $p=\mathrm{hp}$ 或 $p>\mathrm{hp}$ 时，pro_i 趋近于 0。因此，最大利润可以在 $p\leqslant F(\mathrm{ep})$ 或 $F(\mathrm{ep})<p<\mathrm{hp}$ 的条件下获得。

在 $p\leqslant F(\mathrm{ep})$ 的条件下，ISP 可以由 $p=F(\mathrm{ep})$ 获得最大利润 $\mathrm{pro}_i^{\max}$，如式(4.9)所示：

$$\mathrm{pro}_i^{\max}=(F(\mathrm{ep})-c_i)\times\mathrm{UESQ}(\mathrm{crs}_i) \tag{4.9}$$

在 $F(\mathrm{ep})<p<\mathrm{hp}$ 条件下，ISP 可以由 $p=(\mathrm{hp}+c_i)/2$ 依据一阶条件获得最大利润 $\mathrm{pro}_i'^{\max}$，如式(4.10)所示：

$$\mathrm{pro}_i'^{\max}=\frac{(\mathrm{hp}-c_i)^2}{4(\mathrm{hp}-F(\mathrm{ep}))^2}\times\mathrm{UESQ}(\mathrm{crs}_i) \tag{4.10}$$

则最大利润 $\mathrm{pro}_i^{*\max}$ 可以通过比较式(4.9)中的 $\mathrm{pro}_i^{\max}$ 和式(4.10)中的 $\mathrm{pro}_i'^{\max}$ 来获得，如式(4.11)所示：

$$\mathrm{pro}_i^{*\max}=\begin{cases}(F(\mathrm{ep})-c_i)\times\mathrm{UESQ}(\mathrm{crs}_i), & F(\mathrm{ep})<\dfrac{\mathrm{hp}+c_i}{2}\\ \dfrac{(\mathrm{hp}-c_i)^2}{4(\mathrm{hp}-F(\mathrm{ep}))^2}\times\mathrm{UESQ}(\mathrm{crs}_i), & F(\mathrm{ep})\geqslant\dfrac{\mathrm{hp}+c_i}{2}\end{cases} \tag{4.11}$$

而且，依据式(4.9)～式(4.11)，使 ISP 利润最优的服务定价策略(即 SP 策略) $p^{\max}$ 可由式(4.12)获得

$$p^{\max}=\begin{cases}F(\mathrm{ep}), & F(\mathrm{ep})<\dfrac{\mathrm{hp}+c_i}{2}\\ \dfrac{\mathrm{hp}+c_i}{2}, & F(\mathrm{ep})\geqslant\dfrac{\mathrm{hp}+c_i}{2}\end{cases} \tag{4.12}$$

$p^{\max}$ 可适用于所有 FSSs，因此，依据式(4.6)，通过比较各 FSSs 的利润，最合适的 fss_i 可以被选择来合成对应的定制化路由服务，实现在考虑用户的服务体验前提下，最优化 ISP 的经济利益。

4.5　实验设置和性能评估

4.5.1　实验设置

为实现本章提出的 RaaS，选择 Floodlight[102]作为控制器，选择 OpenFlowClick[103]作为支持 NFV 的交换机，该软件交换机包含 OpenFlowClick[104]组件并基于 Click modular router[105]。OpenFlowClick 具备可扩展和可编程能力，其支持被实时地写入多种多样的功能组件来实现相应的分组处理及转发操作，另外，OpenFlowClick 组件支持一个控制器同时向多个 OpenFlowClick 交换机写入转发规则并进行集中控制。

实验环境建立在 Linux 平台(Intel core i5 3.3GHz, 16GB DDR3 RAM)。为验证本章机制的适用性，在实验中选择了两种不同特性的实际网络拓扑 GéANT2[106]和 INTERNET2[107]作为实验拓扑，并且选择相关工作中利用 SDN 和 NFV 的服务合成机制服务链即服务 OpenSCaaS 模型[74]作为对比机制。性能指标包括时间开销、用户满意度、ISP 满意度、服务调整效率、服务调整成功率。

4.5.2　性能评估

1. 时间开销

时间开销是指从系统收到服务请求到服务被提供所需要的时间，即服务建立时间，包括服务计算时间和服务组装时间。比较 RaaS 和 OpenSCaaS 两种机制的路由服务建立时间，比较结果如图 4.7 和图 4.8 所示。

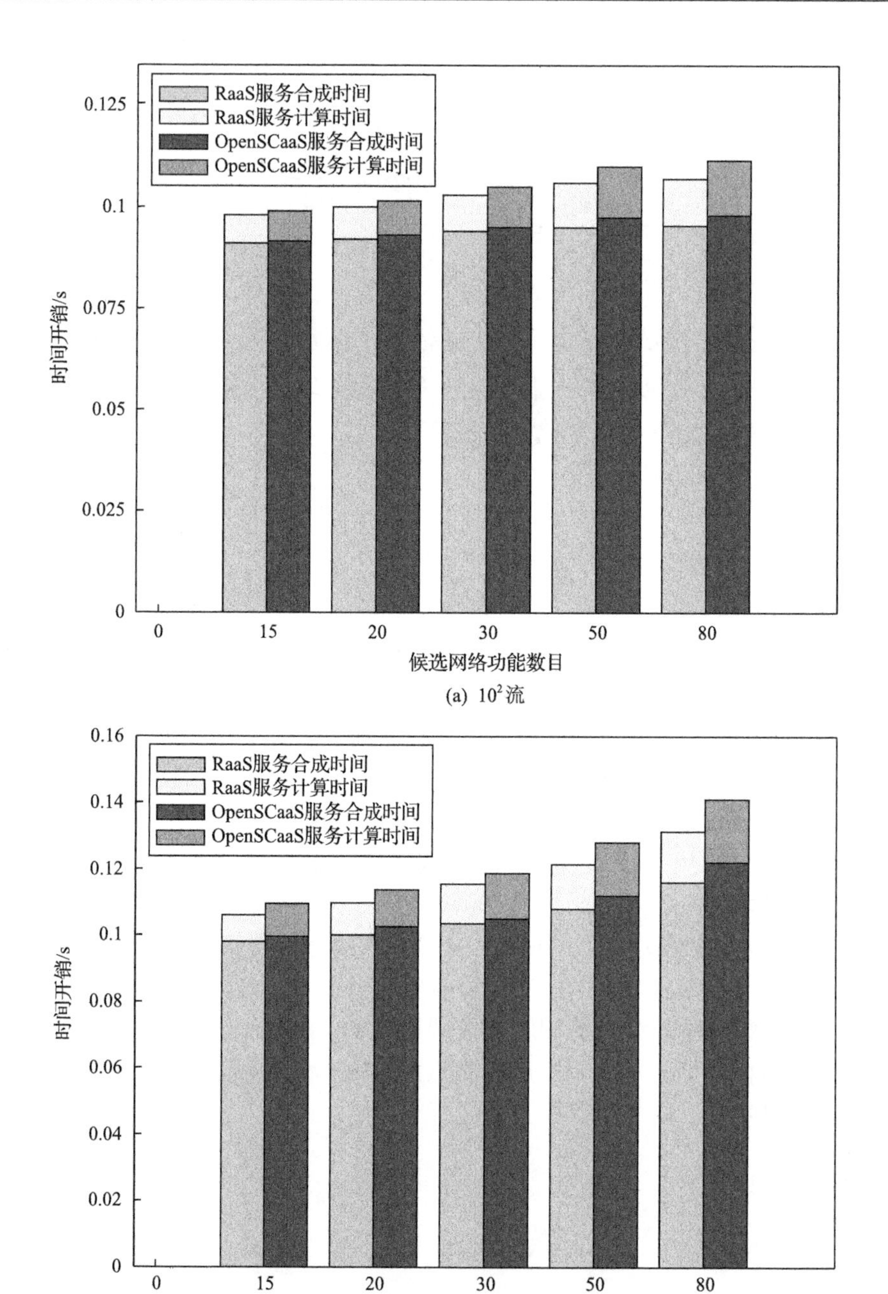
RaaS服务合成时间
RaaS服务计算时间
OpenSCaaS服务合成时间
OpenSCaaS服务计算时间
时间开销/s
0.125
0.1
0.075
0.05
0.025
0
0
15
20
30
50
80
候选网络功能数目

(a) 10^2流

RaaS服务合成时间
RaaS服务计算时间
OpenSCaaS服务合成时间
OpenSCaaS服务计算时间
时间开销/s
0.16
0.14
0.12
0.1
0.08
0.06
0.04
0.02
0
0
15
20
30
50
80
候选网络功能数目

(b) 10^3流

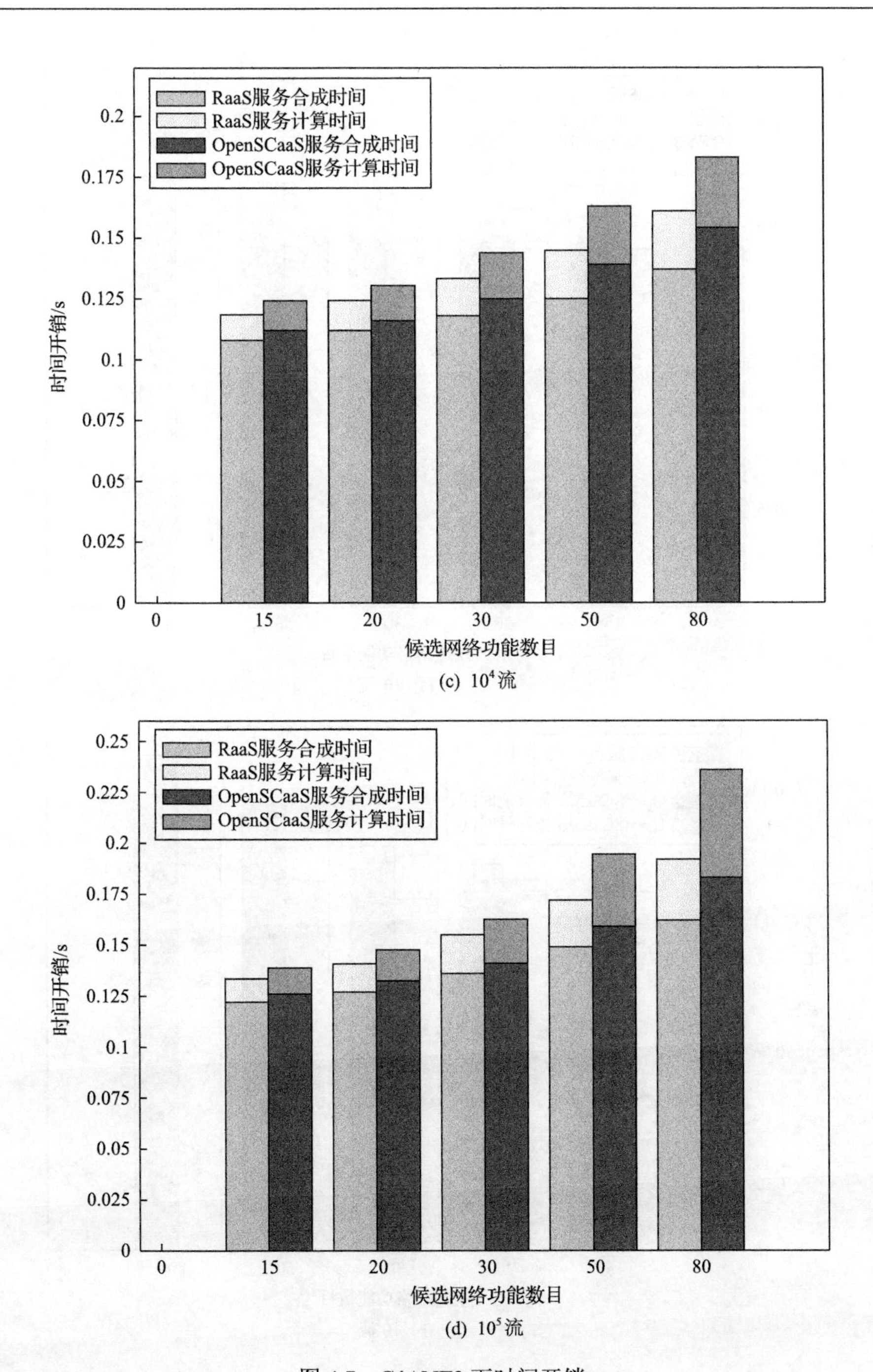

(c) 10^4流

(d) 10^5流

图 4.7　GéANT2 下时间开销

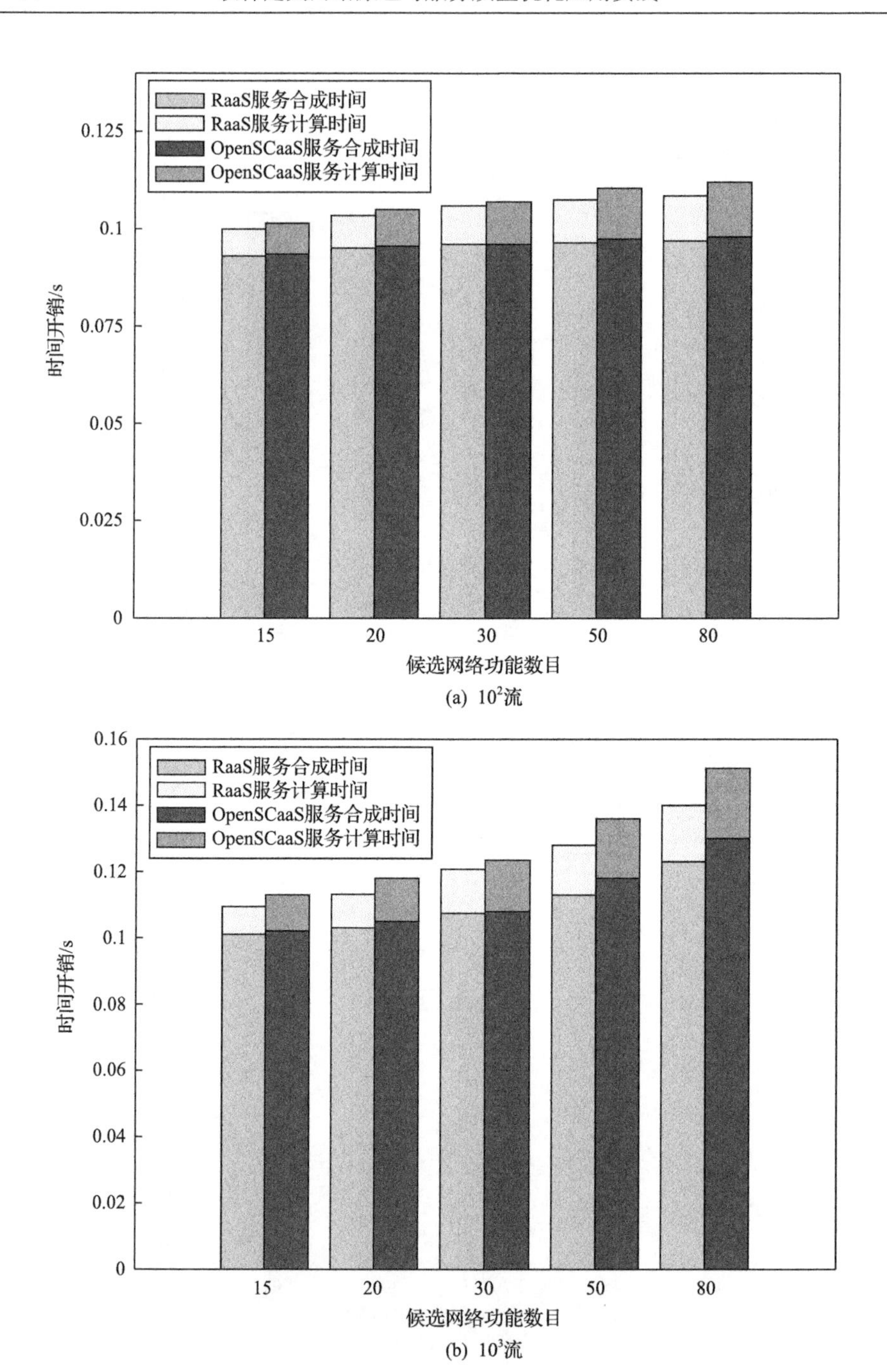
RaaS服务合成时间
RaaS服务计算时间
OpenSCaaS服务合成时间
OpenSCaaS服务计算时间
0.125
0.1
0.075
0.05
0.025
0
时间开销/s
15
20
30
50
80
候选网络功能数目
0.16
0.14
0.12
0.1
0.08
0.06
0.04
0.02
0

(a) 10^2流

(b) 10^3流

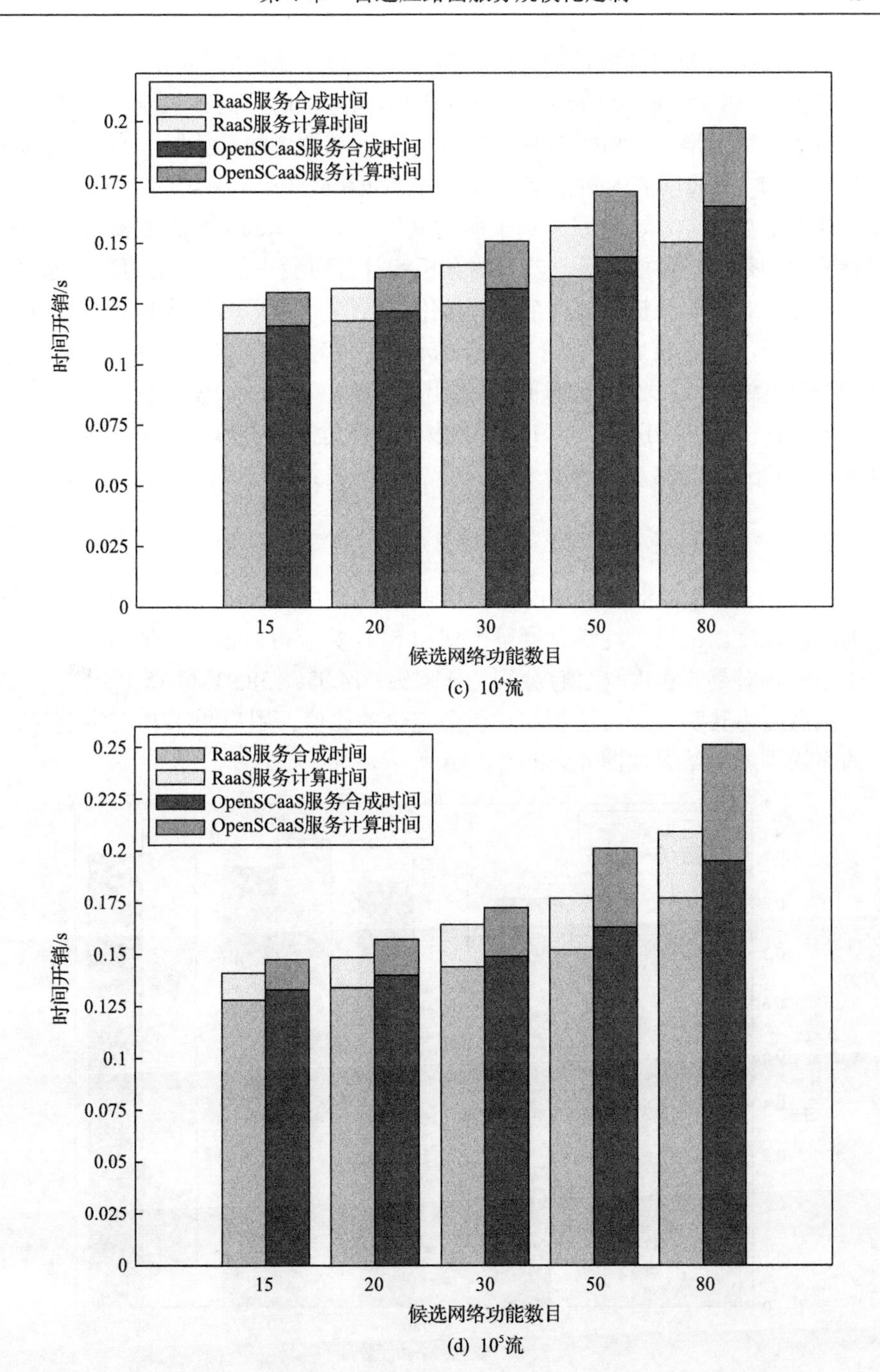

(c) 10^4流

(d) 10^5流

图 4.8　INTERNET2 下时间开销

当候选网络功能的数量增加时，两种机制建立路由服务的时间开销都增加；当由 RaaS 和 OpenSCaaS 所支持流的数量增加时，两种机制建立路由服务的时间开销也增加。相较而言，RaaS 时间开销的增加量总低于 OpenSCaaS 的时间开销，尤其当流的数量增加较多时，如图 4.7(c)和图 4.7(d)、图 4.8(c)和图 4.8(d)中所示。这是因为基于所建立的 RSPL，RaaS 不需要每次都重新完整地定制每一个路由服务，其只需分析和计算可变点处不同的可变量选择，从而只需针对性地调整和调用个别差异化的网络功能即可，较大地减少了时间开销。然而，OpenSCaaS 在每次有新流请求时都要重新从零开始合成路由服务，当流的数量非常大时，其时间开销则明显增大。另外，即使在负载最大时，即图 4.7(d)和图 4.8(d)中所示，RaaS 的服务计算时间只占总服务建立时间 15%以下，而 OpenSCaaS 的服务计算时间能占到总服务建立时间的 25%以上。

2. 用户平均满意度和 ISP 平均满意度

比较和分析 RaaS 和 OpenSCaaS 两种机制的用户和 ISP 对定制化路由服务的满意程度。用户平均满意度可由式(4.5)计算获得，带宽、延迟、抖动和出错率的相对重要程度(权值)分别为 11.1%、14.9%、58.9%和 15.1%[108]。ISP 平均满意度为其实际获得的利润对服务定价的比值。用户和 ISP 对定制化路由的平均满意度结果如图 4.9 和图 4.10 所示。

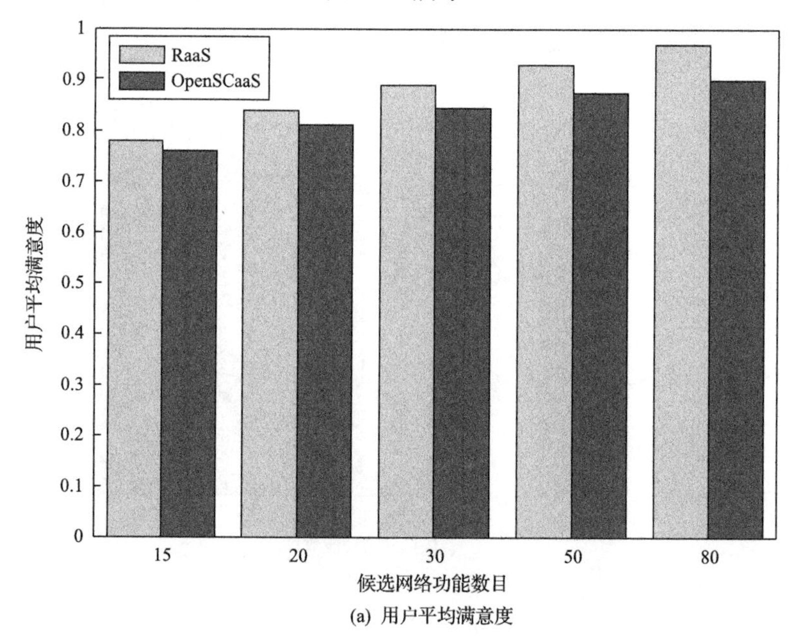

(a) 用户平均满意度

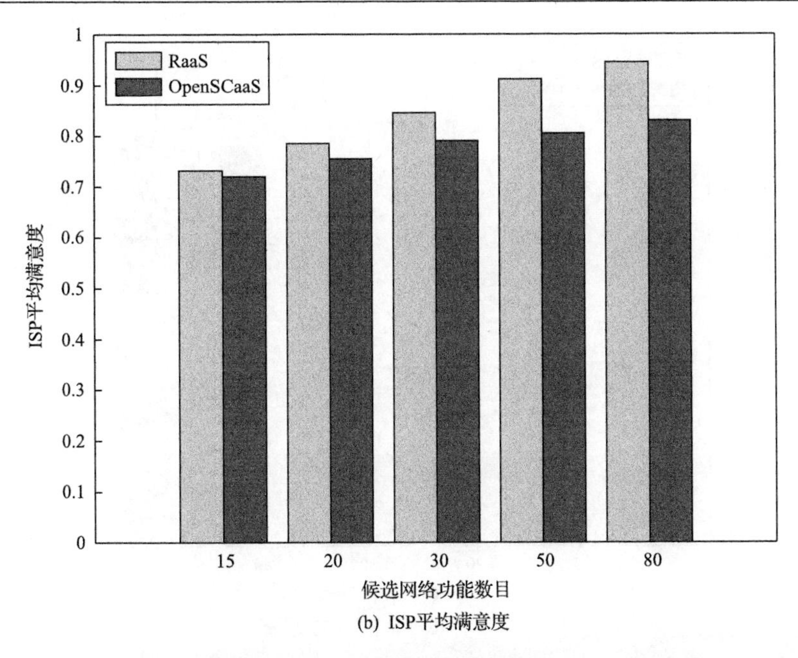

(b) ISP平均满意度

图 4.9　GéANT2 下用户和 ISP 对定制化路由服务的平均满意度

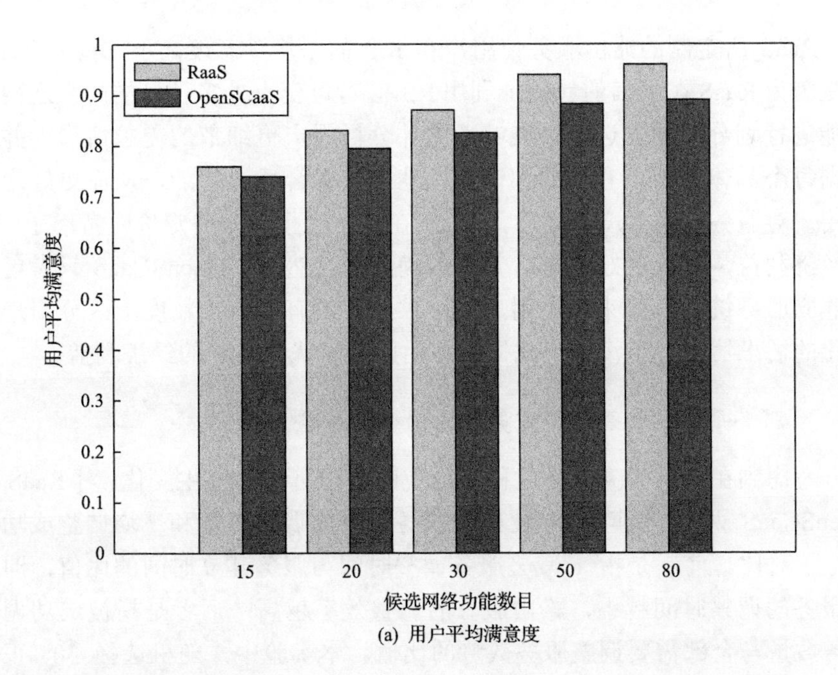

(a) 用户平均满意度

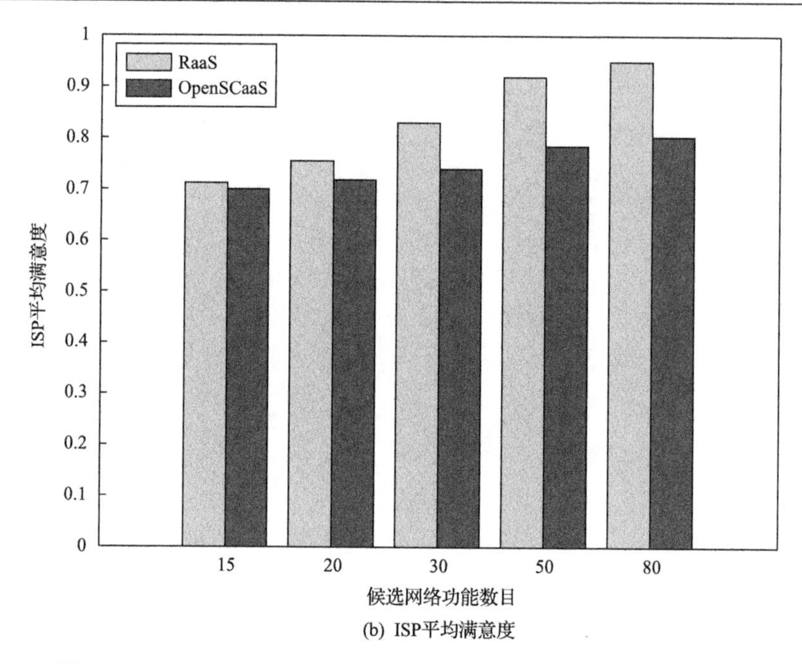

(b) ISP平均满意度

图 4.10　INTERNET2 下用户和 ISP 对定制化路由服务的平均满意度

RaaS 所定制的路由服务使用户和 ISP 的平均满意度高于 OpenSCaaS。这是因为 RaaS 在更细的粒度上利用 RSPL 对可变点处多种多样的候选网络功能进行划分和独立选择，能够考虑并分析用户更细节的需求情形，并且依据每个具体的需求有目的和针对性地选择更合适的功能，从而更好地提高用户对服务的满意度。同时，RaaS 在功能选择和服务定价时考虑了 ISP 的经济利益，可以更好地提高 ISP 的满意度。然而，OpenSCaaS 只考虑通过建立服务链的方式来满足用户的需求，并没有从更细粒度上区分用户差异化的需求情形，也没有考虑提供路由服务时优化 ISP 的经济利益。

3. 服务平均调整效率和服务平均调整成功率

考虑到在路由服务运行过程中用户的需求可能会发生变化，对 RaaS 和 OpenSCaaS 两种机制下定制化路由服务的平均调整效率和平均调整成功率进行了对比。前者是指 1 减去服务调整时间与服务建立时间的比值，即路由服务的调整时间越小，路由服务的调整效率越高；后者是指被成功调整服务数量与全部需要调整服务数量的比值。本实验中，随机选择 30%正在运行的路由服务改变用户对它们的需求，结果如图 4.11 和图 4.12 所示。

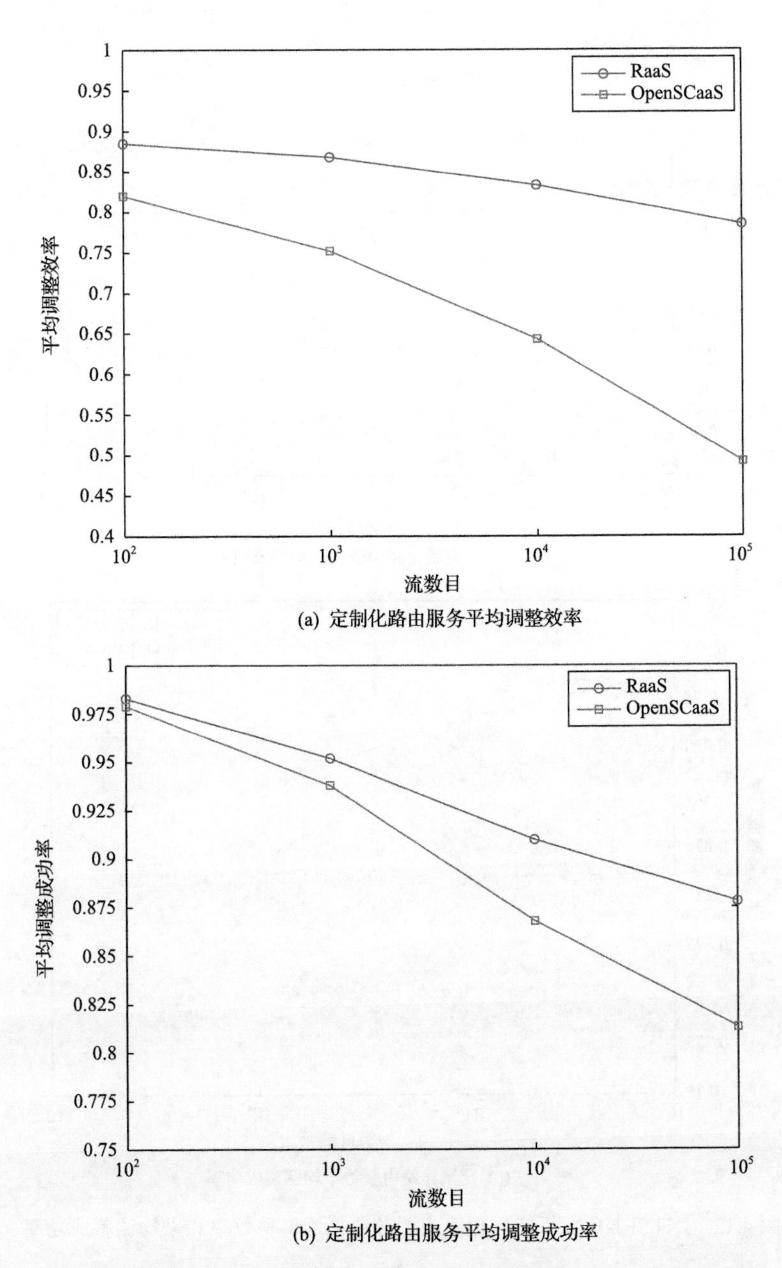

(a) 定制化路由服务平均调整效率

(b) 定制化路由服务平均调整成功率

图 4.11　GéANT2 下定制化路由服务的平均调整效率和平均调整成功率

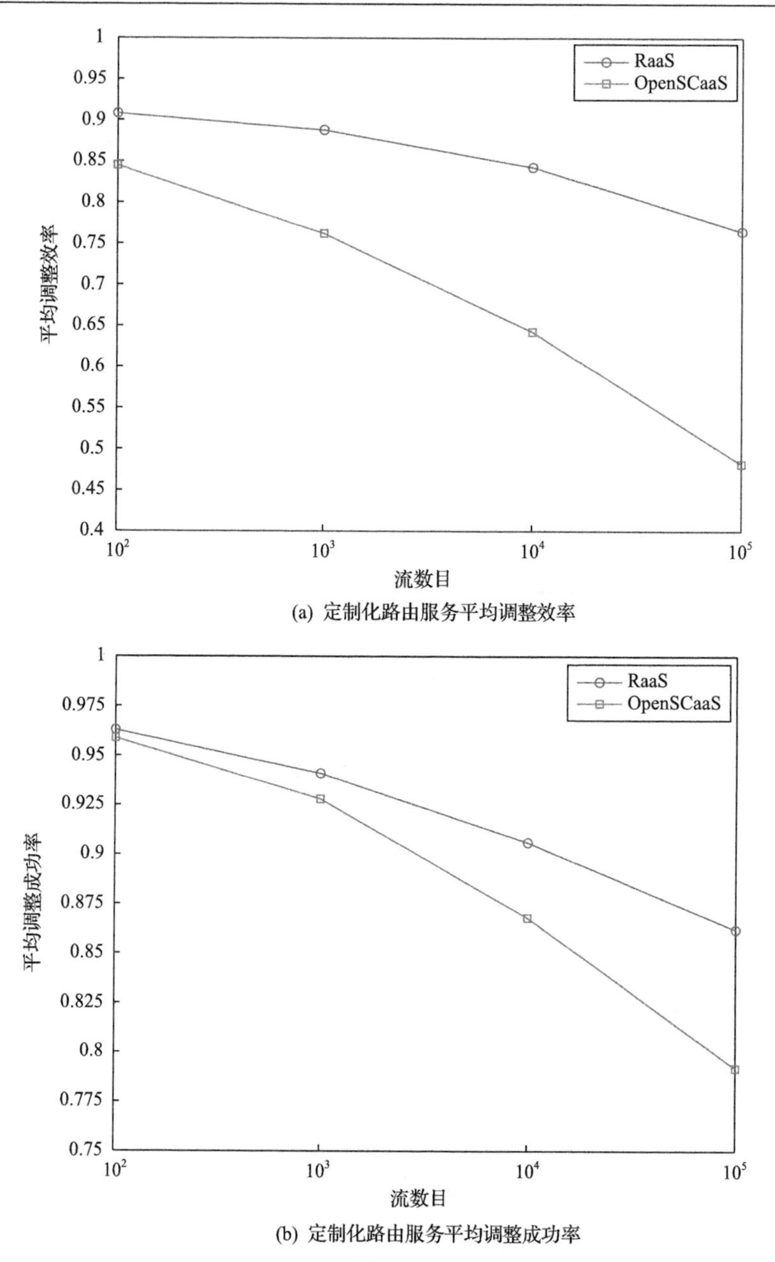

图 4.12　INTERNET2 下定制化路由服务的平均调整效率和平均调整成功率

当流的数量增加时，两种机制下的平均服务调整效率和平均服务调整成功率都有所下降，但 RaaS 总高于 OpenSCaaS，原因如下：RaaS 只需要依据变化的需求情形计算相对应可变点处可变量的选择，并针对性地替换更合适的功能，而不需要整体对服务进行调整，其效率较高，而且，其调整的功能依据所建立的 RSPL 属性模型和一致性正交变化模型，使其对服务所做出的改变是可追踪的，有效地减少了发生错误的可能性，从而改善了服务调整成功率。然而，OpenSCaaS 需要花费大量的时间对整个服务的功能配置依据需求进行计算和分析，无法针对性地调整并选择更合适的功能，导致服务调整的效率和成功率都小于 RaaS。

4.6 本 章 小 结

通过各种各样网络应用进行网络活动的用户规模越来越大，而且，不同的用户使用各类型网络应用时的通信需求也越来越多样化和个性化，依据用户差异化的需求情形定制独特的路由服务来优化用户的服务体验成为迫切要求。然而，针对规模如此巨大的用户对各类型网络应用纷繁复杂的通信需求，若 ISP 每次都单独为每个用户独立地进行分析和计算来定制路由服务，显然会面临技术挑战和成本问题，难以为继。另外，如何以形式化的方法对路由服务的定制过程进行合理的抽象，从而作为实施规模化定制的基础也是需要解决的关键问题。

本章提出了面向大规模用户多样化和个性化需求的自适应路由服务规模化定制机制，从软件定义角度，利用 DSPL、SDN 和 NFV，首先对 RaaS 系统机制进行建模，详细描述了框架模型中各层所承担的任务。然后，基于 DSPL 提出了 RSPL，通过描述 RSPL 的通用性属性和可变性属性设计了两层 RSPL 属性模型和 RSPL 一致性正交变化模型，作为在综合考虑 ISP 和用户双方需求的情况下实现规模化定制路由服务的基础。另外，以形式化的定义和描述方法对路由服务定制进行抽象，并依据抽象设计了一个简单案例来描述定制及提供路由服务时 ISP 和用户双方的利益关系。最后，设置实验并进行性能评估，以验证本章机制的有效性。

第5章 大数据驱动的自适应路由服务定制

5.1 引　　言

随着使用各种类型的网络应用参与网络活动的用户数量急剧增长，不同用户个体之间的差异性导致对用户的通信需求分析也愈加复杂[109]，ISP需要高效且准确地分析不同用户对各类网络应用的通信需求的差异，并以此快速地确定和选择所需的网络功能，自适应地组装定制化的路由服务，从而优化用户的服务体验。

大多数用户并不具备专业的知识对所需的路由服务进行准确的描述，他们通常以定性的、模糊的方式来表达需求，如响应速度较快、画面较清晰、安全性较高、故障恢复较快等，显然，ISP难以依据这些非专业且非定量的需求作为自动选择合适功能及定制路由服务的依据。因此，需要可以把用户模糊的定性需求映射为ISP可识别的准确信息的机制。另外，当ISP获取用户对某类型网络应用的多项通信需求时，由于不同需求所对应的参数对服务体验的影响程度有差别，如何有效地分析用户体验对各项需求参数的依赖程度，也成为ISP定制和调整路由服务的关键。

近年来，网络环境中各类型网络应用之间的通信流数量大规模增长，使得ISP维护和保存的流状态信息呈现出大数据的特征[110]。多种多样的网络应用在通信过程中各相关参数的实时值、变化量以及由此引起的用户服务体验变化等数据，均在爆炸式增长，举例来说，仅阿里巴巴的邮件服务系统每小时就可以产生 30～50GB 的服务跟踪日志[111]，呈现出海量化(volume)特性；不同用户对通信需求的差异性不仅导致支持应用通信的各服务中不同参数的重要程度及参数的设置、组合方式更加复杂，并且用户需求及应用通信状态的描述方法和存储方式也更加丰富，例如，它们不仅以传统二维表的结构化方式，还以文档、示例图像及示例视频等非结构的方式来描述和存储，呈现出多样化(variety)特性；大量随时会加入网络的通信流、实时网络状态变化和用户频繁调整的需求等都会引起流状态数据快速变化，尤其针对敏感型网络应用更需要快速做出响应(即对相关参数进行即时调整)，例如，通话类应用对抖动的敏感程度为毫秒级[112]，呈现出快速化(velocity)特性；等等。

这些特性给传统的路由服务配置和部署模式带来巨大挑战，由此可能导致愈加复杂的路由决策优化、成本控制优化、网络性能优化等问题[113]。然而，指数级增长的流状态数据给设计新型的以用户服务体验为核心的自适应路由服务定制机制带来新的机遇。而且，一些研究结果表明，有效地利用网内大数据之间的关联关系，可以促进高效的网络资源分配并最大化收益[114]。因此，网络中流状态数据已经成为一种新型的网络资源，可用来促进网络功能选择及路由服务定制机制的准确性和自适应性。

本章依据网络中各类型网络应用通信的流状态大数据，以用户的服务体验为核心，提出了大数据驱动的自适应路由服务定制(big data driven adaptive routing service customization, BARC)系统机制。首先对 BARC 系统机制进行建模，详细描述系统中各模块的任务和它们之间的交互流程。然后利用 DSPL 思想，设计面向多维状态下的用户需求属性模型，用来标准化用户的通信需求使之成为可被 ISP 识别的相关参数信息；利用流状态大数据，设计用户体验对各项需求参数的依赖性关系模型，作为选择合适网络功能和实时调整用户体验的依据；最后，提出面向不同的网络资源供给状态的博弈策略，在考虑 ISP 和用户分别对候选服务偏好的情况下，实现定制使双方利益共赢的路由服务的目标。

5.2　BARC 系统机制建模

基于软件定义思想，利用 SDN 控制平面和数据平面相解耦的设计理念，本章对 BARC 系统机制进行建模，其中，以控制平面作为定制路由服务的决策中心，并把控制平面划分为模型分发层和服务定制层，具体如图 5.1 所示。

如图 5.1 所示，模型分发层立足于宏观层面，网络应用通信流的状态数据模块负责获取及统计 ISP 所记录和维护的大量各类型通信流传输过程中的状态信息数据，如用户对各类型应用通信流的需求信息、传输过程中流的各相关参数的实时值、变化量以及由此引发的用户服务体验反馈信息等，并由此生成用户需求领域知识和用户体验对各项需求参数的关联关系模型。需求领域知识包含用户对路由服务的所有可能的需求信息，通过用户需求属性分析模块，实现对需求信息多维度和多粒度的划分，生成用户的需求

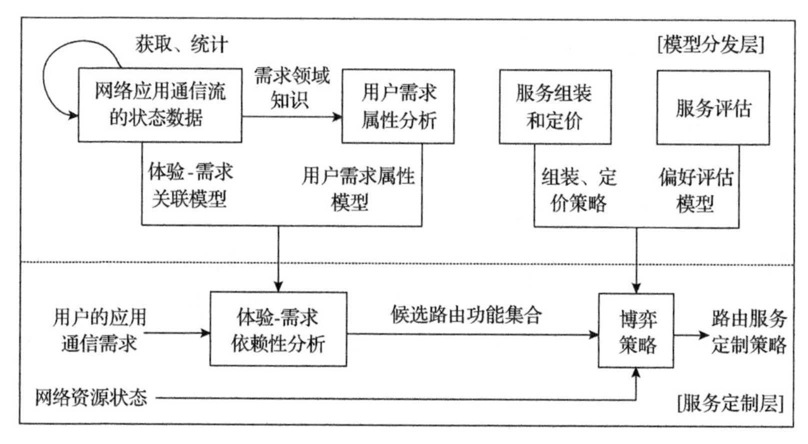

图 5.1　BARC 系统机制建模

属性模型，从而为准确地识别和映射用户的需求到可被 ISP 识别的相关参数提供依据和参照。服务组装和定价模块用于提供多套可被选择的服务组装策略和服务定价策略，服务评估模块用于提供 ISP 和用户对候选服务的偏好评估模型，这两个模块共同支持进一步的均衡博弈。

基于模型分发层对整个系统的整体规划，服务定制层则从微观层面具体依据用户的通信需求定制路由服务。体验-需求依赖性分析模块依据模型分发层下发的体验-需求关联模型和用户需求属性模型对用户实际的通信需求进行分析和处理，获取可实现用户需求的所有候选网络功能集合。博弈策略模块依据模型分发层下发的组装、定价策略和偏好评估模型，以 ISP 和用户分别对候选路由服务的偏好评估结果为导向，获取当前网络资源供给状态下符合双方利益的最佳路由服务定制方案。

BARC 系统机制总体的工作流程描述如下：①ISP 接收到用户对某类型网络应用的通信需求；②依据需求属性模型对接收到的用户实际通信需求进行识别和映射，得到各项需求所对应的可被 ISP 识别的参数集合；③对上述获得的需求参数集合通过体验-需求关联模型进行相关性分析，经过体验-需求依赖性分析模块计算用户体验对以上各项需求参数的依赖程度；④依据计算结果选择可以满足上述需求的候选网络功能；⑤依据候选功能集合，利用服务组装和定价模块获得服务组装和服务定价策略对；⑥依据偏好评估模型获得 ISP 和用户分别对各策略对的偏好评估结果；⑦依据当前的网络资源供给状态，利用 ISP 和用户的偏好评估结果进行均衡博弈，获得使 ISP 和用户双方共赢的路由服务定制方案。

5.3　路由服务需求分析

利用 DSPL，依据大量用户对不同类型网络应用的通信需求数据，获得用户对各类型应用的通信需求领域知识，即所有可能影响用户服务体验的需求集合。而且，面向大量不同类型网络应用的通信流，其传输过程中的状态信息由各项参数的实时值、变化量及由此引起的用户体验变化数据来表示。对于不同类型网络应用的通信流，各项需求所对应的参数对用户服务体验的影响程度有很大区别，如通话类型应用对延迟和抖动敏感，而文件传输类型应用对出错率敏感等。在大量通信需求数据和不同类型通信流的状态数据采集和预处理过程中，主要特点表现在并发数非常高、数据量非常大以及数据的产生速度非常快等，需要预先利用大数据相关的采集和预处理技术，例如，利用基于批处理技术的 Hadoop[115]技术得到大量需求信息相关和大量流状态信息相关的数据样本。进而面向需求属性分析，利用 DSPL 属性建模方法对需求和参数之间的映射关系进行多维度分类和归并；面向体验-需求依赖性分析，利用古德-图灵估计(Good-Turing estimate)方法对服务体验与需求参数之间的依赖关系进行计算和评估。

5.3.1　需求属性分析

面向大量的包含用户所有可能需求的应用通信请求信息，不仅需要对不同类型的请求信息进行特征分类，进而归纳出面向不同类型通信的通用性和可变性需求属性，还需要针对用户在多维度(心理因素、地理因素、行为因素等)状态下的需求特性进行全面的分析，来构建更细粒度的需求属性模型。显然，结构化形式的数据模型(如二维表形式)不仅难以完全描述上述信息，而且，无法从多维度、多粒度、可视化和易匹配等角度表现出可变特性和自适应特性。由此，本节以大数据相关分析技术(如统计分析和分类分析)、半结构化(如树状结构)和非结构化(如多维关联型图)数据模型为基础，依据大量用户对不同类型网络应用差异化的通信需求相关的数据，利用 DSPL 的属性建模方法，对所有用户需求和所有可能影响用户服务体验的参数进行分析及归并，驱动需求属性模型构建。

以需求属性模型中的可变性需求属性作为定制路由服务的基础，可以依据差异化的需求信息，自适应地把其映射为可被系统识别的参数信息，从而以此选择可以调整这些参数的网络功能。其中，各项需求属性的多粒度特性由树状结构进行刻画；用户在多维度不同状态下的独特需求情形由多维关联图的形式进行刻画。本节提出的需求属性模型示例如图 5.2 所示。

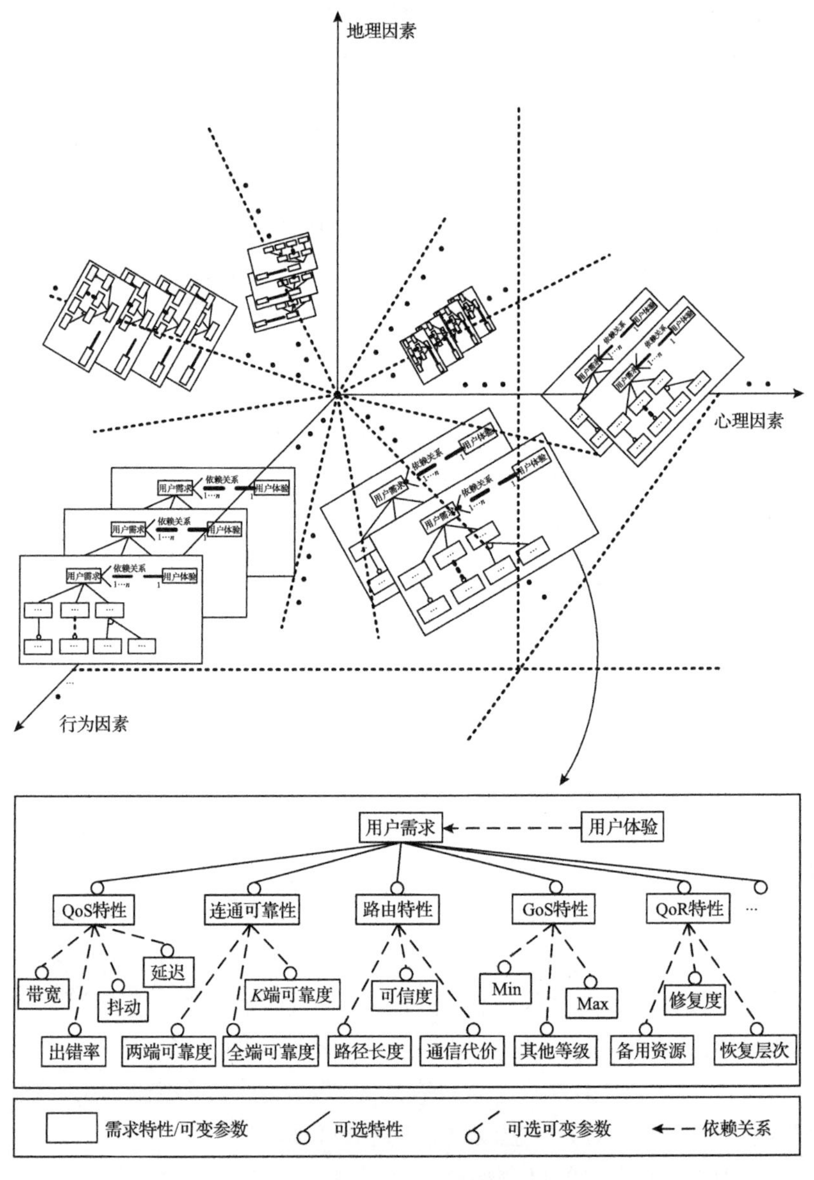

图 5.2　需求属性模型

K 端可靠度指某源点 *S* 到一个指定的点集 *K* 的网络可靠度

在需求属性模型中，假设用户可能所处三个维度，即心理因素(如愉悦、紧张、休闲等)、地理因素(如单位、商场、车里等)和行为因素(如跑步、乘车、散步等)，在各维度不同的状态时，系统为用户各项需求所匹配的各项参数不同，例如，在树状结构模型上多粒度地列举了 QoS 特性、连通可靠性、路由特性、服务等级(grade of service, GoS)特性、弹性质量(quality of resilience, QoR)特性等。其中，GoS[116]特性是指对应于不同的网络应用，用户所需的服务等级不同，例如，差异化的服务等级意味着连接建立时间和端到端阻塞概率等相关参数不同等。QoR[117]特性是指服务从故障中恢复的能力，如从不同的层次恢复，服务恢复效率和所消耗资源等相关参数不同等。

5.3.2　体验-需求依赖性分析

ISP 通过提供路由服务来支持用户使用各类型的网络应用进行网络通信活动，并且生成各类型应用通信时的通信流状态数据，同时，获取用户对所获路由服务的主观感受(即用户的服务体验)信息。用户的服务体验受到服务过程中多项需求相关的参数影响，面向不同类型的网络应用，不同的需求参数对用户的实际服务体验影响程度明显有较大差异。本节针对大量不同类型应用的通信流状态数据，以大数据相关的处理技术[118](如 MapReduce)进行分类分析和归并操作，从而获得大量流状态数据样本(包括流传输过程中各项需求参数的实时值、变化量和由此引起的用户体验变化及反馈)。基于上述大量流状态数据样本，本节对用户体验与各项需求参数之间的关系进行数据关联性分析，并设计两者间依赖性关系挖掘方案，进而驱动并生成体验对需求参数的依赖性关系分布模型，作为网络功能自适应选择的基础。

假设对于某类网络应用的数据通信，定义影响用户服务体验的需求参数集合为 $SR=\{SR_1, \cdots, SR_l\}$，各参数在其值域内不同的取值点处被调整时，对用户体验的影响程度不同，例如，对于弹性类型的网络应用，其带宽参数与服务效用之间的关系曲线[119]如图 5.3 所示。

从图 5.3 可知，当被分配的带宽参数为 b_n 时，对带宽参数进行小范围内调整，对服务效用的影响并不明显；当被分配的带宽参数为 b_i 或 b_j 时，对带宽参数做同样大小的调整，则能明显看出对服务效用的影响，而且，

在 b_i 处调整带宽参数对服务效用的影响要大于 b_j 处，由此可知，调整同样大小的带宽参数，服务效用对上述三个带宽取值示例点的依赖关系(即被影响的程度)由大到小顺序排列依次为 b_i、b_j 和 b_n。本节提出以各类通信流的流状态大数据为驱动，来挖掘用户体验对各项相关需求参数取值区间中各取值点的依赖性关系。

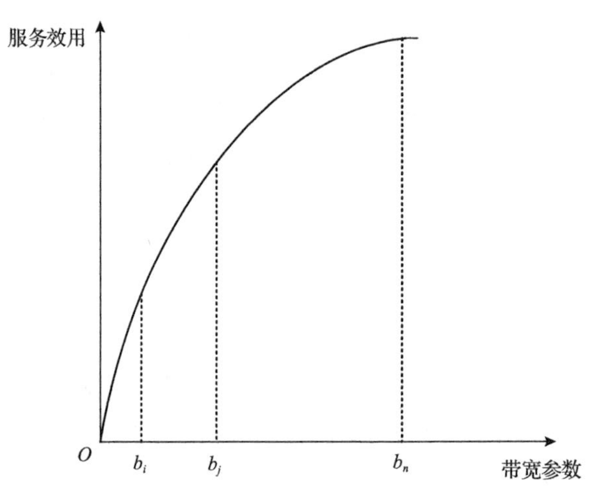

图 5.3 带宽参数与服务效用关系

当前，在用户服务体验评测方法中被广泛使用的方法为平均主观评分(mean opinion score, MOS)[120]，MOS 所表示的 5、4、3、2、1 等五个等级分别对应于用户主观感受的优、良、中、差、劣，本节把五个等级的 MOS 评估值映射到[0,1]区间，来反映用户对服务的体验 UE，如式(5.1)所示：

$$\text{UE}=\frac{\text{MOS}-1}{4} \tag{5.1}$$

设置阈值 Δt，假设由上述大量通信流状态数据样本中获取的需求参数 SR_i 可以被统计出的取值点集合为 $\text{SR}_i=\{\text{SR}_i^1,\cdots,\text{SR}_i^j,\cdots,\text{SR}_i^n\}$，$\text{SR}_i^j<\text{SR}_i^{j+1}$，且 $\text{SR}_i^{j+1}-\text{SR}_i^j\geqslant\Delta t$，其中，$\Delta t$ 的增加是为了避免参数取值区间内相邻取值点 SR_i^j 和 SR_i^{j+1} 过于接近，使用户的服务体验变化程度不明显。假设 $\text{UE}_i(j)$ 为 SR_i 的值取 SR_i^j 时用户的体验反馈值，定义 $\text{UEC}_i(j)$ 为对 SR_i 在 SR_i^j 处调整时用户的服务体验变化程度，则有

$$
\mathrm{UEC}_i\left(j\right)=\begin{cases}\dfrac{\sum\limits_{i=1}^{m_i}\left|\mathrm{UE}_i(j+1)-\mathrm{UE}_i(j)\right|}{m_j}, & j=1\\[2ex] \dfrac{1}{2}\left(\dfrac{\sum\limits_{i=1}^{m_j}\left|\mathrm{UE}_i(j+1)-\mathrm{UE}_i(j)\right|}{m_j}+\dfrac{\sum\limits_{i=1}^{k_j}\left|\mathrm{UE}_i(j)-\mathrm{UE}_i(j-1)\right|}{k_j}\right), & 1<j<n\\[2ex] \dfrac{\sum\limits_{i=1}^{k_j}\left|\mathrm{UE}_i(j)-\mathrm{UE}_i(j-1)\right|}{k_j}, & j=n\end{cases} \tag{5.2}
$$

其中，m_j 为 SR_i 的取值由 SR_i^j 向 SR_i^{j+1} 方向变化的数据样本的数量；k_j 为 SR_i 的取值由 SR_i^j 向 SR_i^{j-1} 方向变化的数据样本的数量，并且当 $j=1$ 和 $j=n$ 时，分别有 $k_j=0$ 和 $m_j=0$。

用户的服务体验对 SR_i 取 SR_i^j 值时的依赖程度定义为 $\mathrm{UED}_i(j)$，则有

$$
\mathrm{UED}_i(j)=\frac{\mathrm{UEC}_i(j)}{\sum\limits_{x=1}^{n}\mathrm{UEC}_i(x)} \tag{5.3}
$$

可得 $\mathrm{UED}_i(j)$ 对 SR_i 中所有元素的依赖程度之和满足如下条件：

$$
\sum_{j=1}^{n}\mathrm{UED}_i(j)=1 \tag{5.4}
$$

然而，即使总体的样本数量很大，但仍然可能会遇到在某些取值点处被记录和统计出的样本数量相对较少的情况，因而导致这些取值点处依赖程度计算不准确的问题，例如，对于 SR_i 实际被统计到的各取值点的数据样本来说，其被统计到取其区间中间部分取值点的数据样本量可能较多，而取到其

区间边缘部分取值点的数据样本量可能相对较少。而且，尽管假设总体用户的体验反馈数据是理性的，但如果存在少量用户的体验反馈数据不准确或者不真实的情况，用户的实际体验对样本量相对较少的取值点的依赖程度则可能不完全可信，因为当样本数量相对较少时少数用户不真实的评价所带来的不利影响要远大于样本数量较多时少数用户不真实评价所带来的不利影响。另外，除了上述依赖性关系不完全可信的取值点，还可能存在一些对用户的服务体验有影响但是没有被统计在 SR_i 取值点集合中的取值点。因此，需要对上述两种情形的取值点(即依赖关系不完全可信的取值点和未被统计到的取值点)做进一步处理，本节引入古德-图灵估计[121]，其是一种可以对这种不完全可信统计数据的概率做减量处理，并且把减少的概率分给未被统计出的数据的估计方法，能够解决上述问题。设置阈值 $\mathrm{TC} \in \mathbf{N}_+$，当 $m_j + k_j < \mathrm{TC}$ 时，需要为 SR_i 所对应的 $\mathrm{UED}_i(j)$ 分配一个相对其实际统计值较小一点的值 $\mathrm{UED\Delta}_i(j) = \mathrm{UED}_i(j) - \varepsilon$，即由 $\mathrm{UED\Delta}_i(j)$ 代替 $\mathrm{UED}_i(j)$，则有

$$\sum_{j=1,\mathrm{SR}_i^j \in \mathrm{SR}_i}^{n} \mathrm{UED\Delta}_i(j) < 1, \quad m_j + k_j < \mathrm{TC} \tag{5.5}$$

$\mathrm{SR}_i^j \in \mathrm{SR}_i$ 指在 SR_i 中被统计出的取值点，设置用户体验对这些点的依赖程度之和小于 1，由此余下的概率分配给上面所述情形下的取值点，如式(5.6)所示：

$$\mathrm{UEDQ}_i = 1 - \sum_{j=1,\mathrm{SR}_i^j \in \mathrm{SR}_i}^{n} \mathrm{UED}_i(j) \tag{5.6}$$

可以获得用户的服务体验对需求参数 SR_i 的取值区间中各取值点的依赖程度 $\mathrm{MUED}_i(j)$ 为

$$\mathrm{MUED}_i(j) = \begin{cases} \mathrm{UED}_i(j), & m_j + k_j \geqslant \mathrm{TC} \\ \mathrm{UED\Delta}_i(j), & 0 < m_j + k_j < \mathrm{TC} \\ \mathrm{UEDQ}_i / \mathrm{Num}(\mathrm{SR}_i^j), & m_j + k_j = 0 \end{cases} \tag{5.7}$$

其中，条件 $m_j + k_j = 0$ 是指那些没有被统计在 SR_i 中，但可能对用户的服务体验存在影响的取值点，$\mathrm{Num}(\mathrm{SR}_i^j)$ 为此类型取值点的数量。由此，对其

他需求参数做同样处理，可以获得用户的服务体验对其各项相关需求参数取值区间中各取值点的依赖程度。

综上所述，依据不同类型网络应用通信流的状态大数据，以上述提出的数据间依赖关系挖掘方案为驱动，来生成各类型应用通信过程中随着某项需求参数的取值变化，用户的服务体验值变化分布情况(即体验-参数值分布)和用户体验对该参数的各取值点的依赖程度(即体验对参数的依赖性分布)。其中，体验-参数值分布可用作自适应地选择合适的候选网络功能，作为下一步确定服务组装方案的依据；体验对参数的依赖性分布可作为在应用通信过程中依据用户随时变化的需求自适应地调整相关参数取值的依据。例如，对于体验-参数值分布来说，如果分布曲线有明显的起伏变化，说明该项需求参数可以明显地影响用户的服务体验，则具备调整该参数能力的网络功能可以作为组装定制化路由服务的候选功能；反之，如果分布曲线几乎无起伏变化，则只具备调整该参数能力的网络功能不作为候选。依据体验对参数的依赖性分布，可以获得参数在其取值区间不同取值点处调整其值时对用户的服务体验影响程度，从而以此自适应地确定该参数在当前情况下的调整量，实现对用户的服务体验实时调整的目的。

5.4　路由服务合成策略选择

5.4.1　策略对评估

由上所述，可以获得能够组装出该类型路由服务的候选网络功能集合，但应该考虑到，若实现同等程度的用户服务体验，ISP 选择按照不同的组装策略从候选网络功能中选择不同的功能所付出的成本不同，同时，按照不同的定价策略，所获得的利润也不同。定义 ISP 的服务组装策略集合为 $R=\{R_1,\cdots,R_i,\cdots,R_m\}$，服务定价策略集合为 $\gamma=\{\gamma_1,\cdots,\gamma_j,\cdots,\gamma_z\}$，ISP 依据 R_i 和 γ_j 组装与定价服务，得到相应的策略对矩阵 $[\langle R_i,\gamma_j\rangle]_{m\times z}$，这种情况下用户需要为服务付出的价格为 $\mathrm{Pri}_{\gamma_j}(R_i)$。在本章中，设计了 ISP 和用户对策略对矩阵中各元素(即各策略对)偏好评估模型，获得双方分别对各策略对的评估结果，然后，以此为依据提出均衡博弈方案，最终获得最佳满足双方利益的服务组装和服务定价策略对。

对于 ISP，主要还是根据其所获利润情况对各策略对进行评估，例如，对于$\langle R_i,\gamma_j\rangle$，ISP 以利润为导向对其进行偏好评估，假设依据$\langle R_i,\gamma_j\rangle$组装的服务成本和价格分别定义为$\mathrm{Cost}(R_i)$和$\mathrm{Pri}_{\gamma_j}(R_i)$，则 ISP 对$\langle R_i,\gamma_j\rangle$的偏好程度如式(5.8)所示：

$$\mathrm{SDeg}_{\gamma_j}^{\mathrm{ISP}}(R_i)=\begin{cases}0, & \mathrm{Pri}_{\gamma_j}(R_i)<\mathrm{Cost}(R_i)\\ \dfrac{\mathrm{Pri}_{\gamma_j}(R_i)-\mathrm{Cost}(R_i)}{\mathrm{Pri}_{\gamma_j}(R_i)}, & \mathrm{Pri}_{\gamma_j}(R_i)\geqslant\mathrm{Cost}(R_i)\end{cases} \tag{5.8}$$

可知，ISP 由$\langle R_i,\gamma_j\rangle$期望获得的利润越高，其对$\langle R_i,\gamma_j\rangle$的偏好程度也越高。

对于用户，主要还是考虑其对服务的质量和价格两个因素对$\langle R_i,\gamma_j\rangle$进行评估。依据 5.3 节中用户对各项需求参数在不同取值点处的体验值分布情况(即体验-参数值分布)，可以获得用户对R_i所组装服务的各项参数值的体验值(即 MOS 评估值)，由式(5.1)映射到[0,1]区间可以得到用户对该服务各相关参数值的满意程度，并分别定义为$\mathrm{UE}_1(R_i),\cdots,\mathrm{UE}_j(R_i),\cdots,\mathrm{UE}_l(R_i)$。用户对$\langle R_i,\gamma_j\rangle$下服务的质量和价格满意程度分别定义为$\mathrm{SDeg}(R_i)$和$\mathrm{SDeg}_{\gamma_j}^{\mathrm{Pri}}(R_i)$，则有

$$\mathrm{SDeg}(R_i)=\sum_{j=1}^{l}\omega_j\times\mathrm{UE}_j(R_i) \tag{5.9}$$

$$\mathrm{SDeg}_{\gamma_j}^{\mathrm{Pri}}(R_i)=\begin{cases}0, & \mathrm{Pri}_{\gamma_j}(R_i)>\mathrm{Pri}^{\max}\\ 1-\dfrac{\mathrm{Pri}_{\gamma_j}(R_i)-\mathrm{Cost}(R_i)}{\mathrm{Pri}^{\max}-\mathrm{Pri}_{\gamma_j}(R_i)}, & \mathrm{Cost}(R_i)\leqslant\mathrm{Pri}_{\gamma_j}(R_i)\leqslant\mathrm{Pri}^{\max}\\ 1, & \mathrm{Pri}_{\gamma_j}(R_i)<\mathrm{Cost}(R_i)\end{cases} \tag{5.10}$$

其中，ω_j为各项参数的权值；$\mathrm{Pri}^{\max}$为用户最大可接受价格。

由此，用户对$\langle R_i,\gamma_j\rangle$的偏好程度定义如下：

$$\mathrm{SDeg}_{\gamma_j}^{\mathrm{User}}(R_i)=\omega_{\mathrm{Qua}}\mathrm{SDeg}(R_i)+\omega_{\mathrm{Pri}}\mathrm{SDeg}_{\gamma_j}^{\mathrm{Pri}}(R_i) \tag{5.11}$$

其中，ω_{Qua}和ω_{Pri}分别为服务质量和服务价格对用户的重要程度。

5.4.2　基于纳什均衡的博弈

ISP 最偏好的策略对可能并不是用户最偏好的，反之亦然，因此，系统不能只关注单方的偏好，需要通过均衡化的方法选择使 ISP 和用户双方都满意的策略对来定制路由服务。本节依据当前网络资源的可用情况提出了两种博弈方案，来实现在不同网络状态下的最优路由服务定制化目标，分别为网络可用资源充足时的基于纳什均衡的博弈方案和网络可用资源不足时的基于混合式策略的博弈方案。

当网络可用资源充足时(即供大于或等于求的情况)，ISP 可以为每个用户都定制能最优满足其通信需求的路由服务，此时利用基于纳什均衡的博弈方案为每个用户独立地组装及提供路由服务，实现 ISP 和每个用户之间的利益共赢。依据所获取的 ISP 和用户分别对 $[\langle R_i,\gamma_j\rangle]_{m\times z}$ 中每个策略对的偏好程度，得到行列为 $m\times z$ 的 ISP 和用户的策略对偏好矩阵，如下所示：

$$
\begin{array}{c} \\ R_1 \\ \vdots \\ R_i \\ \vdots \\ R_m \end{array}
\begin{array}{c}
\begin{array}{ccccc} \gamma_1 & \cdots & \gamma_j & \cdots & \gamma_z \end{array} \\
\left[\begin{array}{ccccc}
\mathrm{SDeg}_{\gamma_1}^{\mathrm{ISP}}(R_1),\mathrm{SDeg}_{\gamma_1}^{\mathrm{User}}(R_1) & \cdots & \mathrm{SDeg}_{\gamma_j}^{\mathrm{ISP}}(R_1),\mathrm{SDeg}_{\gamma_j}^{\mathrm{User}}(R_1) & \cdots & \mathrm{SDeg}_{\gamma_z}^{\mathrm{ISP}}(R_1),\mathrm{SDeg}_{\gamma_z}^{\mathrm{User}}(R_1) \\
\vdots & & \vdots & & \vdots \\
\mathrm{SDeg}_{\gamma_1}^{\mathrm{ISP}}(R_i),\mathrm{SDeg}_{\gamma_1}^{\mathrm{User}}(R_i) & \cdots & \mathrm{SDeg}_{\gamma_j}^{\mathrm{ISP}}(R_i),\mathrm{SDeg}_{\gamma_j}^{\mathrm{User}}(R_i) & \cdots & \mathrm{SDeg}_{\gamma_z}^{\mathrm{ISP}}(R_i),\mathrm{SDeg}_{\gamma_z}^{\mathrm{User}}(R_i) \\
\vdots & & \vdots & & \vdots \\
\mathrm{SDeg}_{\gamma_1}^{\mathrm{ISP}}(R_m),\mathrm{SDeg}_{\gamma_1}^{\mathrm{User}}(R_m) & \cdots & \mathrm{SDeg}_{\gamma_j}^{\mathrm{ISP}}(R_m),\mathrm{SDeg}_{\gamma_j}^{\mathrm{User}}(R_m) & \cdots & \mathrm{SDeg}_{\gamma_z}^{\mathrm{ISP}}(R_1),\mathrm{SDeg}_{\gamma_z}^{\mathrm{User}}(R_m)
\end{array}\right]
\end{array}
$$

由上可知，矩阵中的元素 $\langle \mathrm{SDeg}_{\gamma_j}^{\mathrm{ISP}}(R_i),\mathrm{SDeg}_{\gamma_j}^{\mathrm{User}}(R_i)\rangle$ 表示 ISP 和用户分别对 $\langle R_i,\gamma_j\rangle$ 的偏好程度。本节设计的博弈目标是获得使 $[\langle \mathrm{SDeg}_{\gamma_j}^{\mathrm{ISP}}(R_i),\mathrm{SDeg}_{\gamma_j}^{\mathrm{User}}(R_i)\rangle]_{m\times z}$ 满足如下纳什均衡的策略对 $\langle R_{i*},\gamma_{j*}\rangle$：

$$
\begin{cases}
\mathrm{SDeg}_{\gamma_{j*}}^{\mathrm{ISP}}(R_{i*}) \geqslant \mathrm{SDeg}_{\gamma_j}^{\mathrm{ISP}}(R_{i*}), & j=1,2,\cdots,z \\
\mathrm{SDeg}_{\gamma_{j*}}^{\mathrm{User}}(R_{i*}) \geqslant \mathrm{SDeg}_{\gamma_{j*}}^{\mathrm{User}}(R_i), & i=1,2,\cdots,m
\end{cases} \tag{5.12}
$$

即在 $\langle R_{i*},\gamma_{j*}\rangle$ 下，无论对于哪一套服务组装策略，总存在 γ_{j*} 使 ISP 的偏好程度达到最大；相应的，无论对于哪一套服务定价策略，总存在 R_{i*} 使用户的偏好程度达到最大。此时，$\langle R_{i*},\gamma_{j*}\rangle$ 即可作为使 ISP 和用户双方利益共赢的策略对。

5.4.3 基于混合式策略的博弈

当面向多个用户在较短时间内提出对某类型网络应用的通信需求时（如视频直播类应用），而当前网络可用资源不足以为每个用户都定制最佳路由服务的情形，在本节中设计了基于混合式策略的博弈方案来应对上述问题。

面向这种网络可用资源供小于求的情况，ISP 的自主性和主动性要高于用户，即 ISP 需要系统地根据自身的利益选择对自己有利的策略对的意愿更强，此时如何最大化单位资源利用率使当前网络状态下的利润达到最大成为 ISP 定制和提供服务的目标。因此，本节设计的基于混合式策略的博弈方案目标是使 ISP 为用户群体提供一系列差异化的定制服务，以最优的单位资源利用率来最大限度地满足用户群体的需求，并且最大化 ISP 的单位资源利润。

定义混合策略集合为 $\sigma^R=\{\sigma_1^R,\cdots,\sigma_s^R\}$，其元素 σ_t^R 为赋予 R 中各元素的比例，$\sigma_t^R \in \sigma^R$，且 σ_t^R 需要满足如下条件：

$$\sum_{i=1}^{m}\sigma_t^R(R_i)=1,\quad 1\leqslant t\leqslant s \tag{5.13}$$

其中，$\sigma_t^R(R_i)$ 为 σ^R 中的元素 σ_t^R 赋予 R 中元素 R_i 的比例，且满足 $0\leqslant\sigma_t^R(R_i)\leqslant 1$。例如，如果 ISP 利用当前网络可用资源需要提供 A 个服务，那么以 R_i 组装的服务数量为 $\sigma_t^R(R_i)\cdot A$。

ISP 依据 σ_t^R 定制一定数量的服务，单位服务的定价和成本分别定义为 $\mathrm{Pri}_{\sigma_t^R}(R,\gamma_j)$ 和 $\mathrm{Cost}_{\sigma_t^R}(R)$，如式(5.14)和式(5.15)所示：

$$\mathrm{Pri}_{\sigma_t^R}(R,\gamma_j)=\sum_{i=1}^{m}(\sigma_t^R(R_i)\times\mathrm{Pri}_{\gamma_j}(R_i)) \tag{5.14}$$

$$\mathrm{Cost}_{\sigma_t^R}(R)=\sum_{i=1}^{m}(\sigma_t^R(R_i)\times\mathrm{Cost}(R_i)) \tag{5.15}$$

则 ISP 对由 σ_t^R 和 γ_j 组成的策略对 $\langle\sigma_t^R,\gamma_j\rangle$ 的满意程度定义如下：

$$
\mathrm{SDeg}_{\sigma_t^R}^{\mathrm{ISP}}(R,\gamma_j)=\begin{cases}0, & \mathrm{Pri}_{\sigma_t^R}(R,\gamma_j)<\mathrm{Cost}_{\sigma_t^R}(R)\\ \dfrac{\mathrm{Pri}_{\sigma_t^R}(R,\gamma_j)-\mathrm{Cost}_{\sigma_t^R}(R)}{\mathrm{Pri}_{\sigma_t^R}(R,\gamma_j)}, & \mathrm{Pri}_{\sigma_t^R}(R,\gamma_j)\geqslant \mathrm{Cost}_{\sigma_t^R}(R)\end{cases} \tag{5.16}
$$

用户群体对由$\langle\sigma_t^R,\gamma_j\rangle$所获得的一系列定制化路由服务的质量满意度平均值可以定义如下：

$$
\mathrm{SDeg}_{\sigma_t^R}^{\mathrm{User}}(R)=\sum_{i=1}^{m}(\sigma_t^R(R_i)\times \mathrm{SDeg}(R_i)) \tag{5.17}
$$

假设在σ_t^R下组装路由服务所需的资源为$\mathrm{RD}(R_i)$，ISP 当前可使用的资源为 AR，用户群体对所需路由服务的质量满意度阈值为 QT，则需要在满足式(5.18)的条件下寻求σ_{t*}^R使式(5.16)获得最大值：

$$
\begin{cases}\mathrm{SDeg}_{\sigma_t^R}^{\mathrm{User}}(R)\geqslant \mathrm{QT}\\ \displaystyle\sum_{i=1}^{m}(\sigma_t^R(R_i)\times \mathrm{RD}(R_i))\leqslant \mathrm{AR}\\ \mathrm{SDeg}_{\sigma_{t*}^R}^{\mathrm{ISP}}(R,\gamma_j)\geqslant \mathrm{SDeg}_{\sigma_t^R}^{\mathrm{ISP}}(R,\gamma_j)\end{cases} \tag{5.18}
$$

由此可以获得最优的σ_{t*}^R满足式(5.18)。由上所述，当网络可用资源不足以为每个用户都提供最佳路由服务时，ISP 利用σ_{t*}^R来定制一系列R中的路由服务，可以使其单位资源利用率达到最大并获得当前最优的单位资源利润。

5.5　实验设置和性能评估

5.5.1　实验设置

本章实验选择视频点播类型的网络应用，以点播视频的大量流状态信息数据及用户的服务体验反馈数据作为实验测试数据。本章选取被点播的视频流在传输过程中关于 QoS 需求的状态数据，包括带宽B、丢失率L、抖动J和延迟D四个参数在各自区间不同的取值点、变化量以及由此引起的用户服务体验变化情况。实验中点播视频的流状态数据来源于 EPFL-PoliMI[122]和 VQEG[123]两个数据库，选取了以 H.264/AVC 方式进行编码的

100个点播视频通信流的各相关状态数据。其中，EPFL-PoliMI中选取的流状态数据为流的丢失率参数在其区间的不同取值点取值时对应的用户体验反馈情况；VQEG中则选取了流的带宽、丢失率、延迟和抖动等参数在各自区间的不同取值点取值时，对应的用户体验反馈情况。各项参数的取值点及相邻的取值点的间隔规律依据ITU[124]和ETSI[125]来设置，具体如表5.1所示。

表5.1　需求参数各取值点

参数	*B*/(Mbit/s)	*L*/%	*J*/ms	*D*/ms
取值点分布	0	0	1	100
	0.1	0.4	1.1	200
	0.2	0.8	1.2	300
	0.3	1.2	1.3	400
	0.4	1.6	1.4	500
	⋮	⋮	⋮	⋮
	5	10	4	900

带宽取值从0Mbit/s开始，每间隔0.1Mbit/s进行取值，直到5Mbit/s结束；丢失率从0开始，每间隔0.4%进行取值，直到10%结束；抖动从1ms开始，每间隔0.1ms进行取值，直到4ms结束；延迟从100ms开始，每间隔100ms进行取值，直到900ms结束。

本章提出的BARC系统机制使用C++语言开发实现，以Microsoft Visual Studio 2010作为开发工具，在Windows 7 Ultimate平台下调试运行。在应用的通信路径上，可供ISP选择的网络功能主要包括资源预留、服务等级、排队调度、带宽分配、流量监管、差错控制、接纳控制和流量整形等，并以构件形式实现，由ISP依据所选择策略调用合适的功能在应用的通信路径上合成并提供路由服务。同时选用CERNET和GéANT2作为仿真网络拓扑，并选取典型的尽力型服务(best-effort service, BES)和IntServ作为对比机制进行性能评价和对比。

5.5.2　性能评估

1. 体验-参数值分布

根据5.3节，通过实验获得视频点播类型应用之间通信流的需求参数

(如带宽、丢失率、抖动和延迟)与用户服务体验之前的对应关系。其中，用户体验使用 MOS 方法评估，结果如图 5.4 所示。

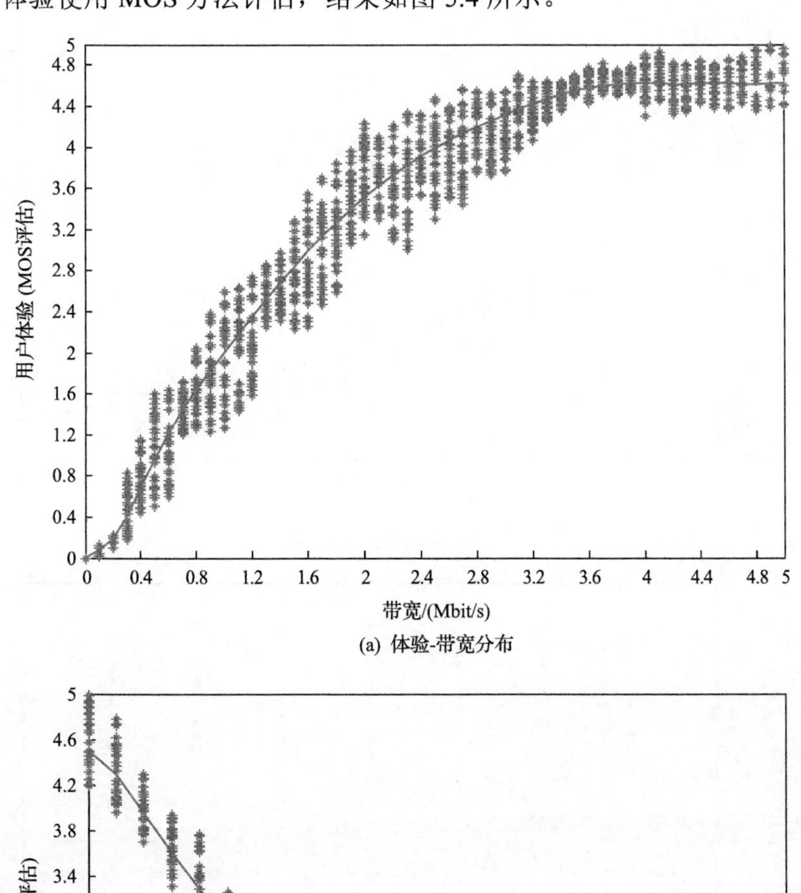

(a) 体验-带宽分布

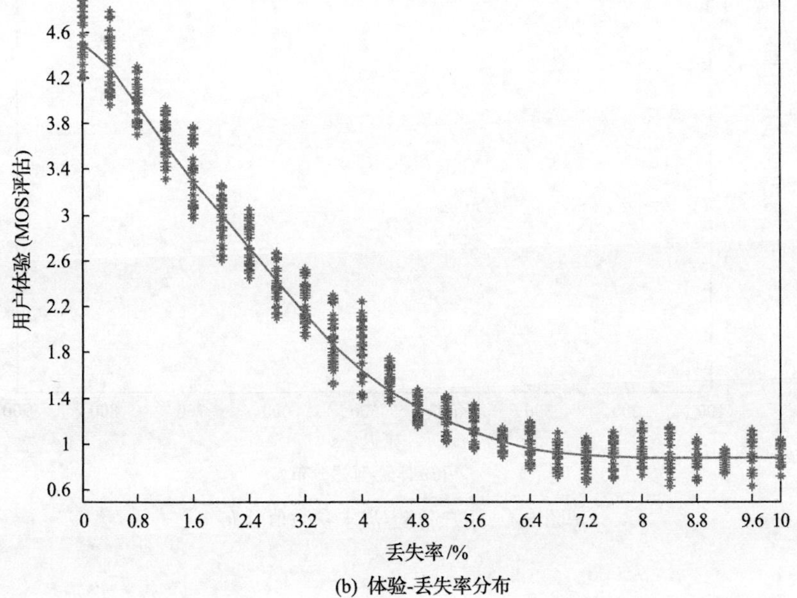

(b) 体验-丢失率分布

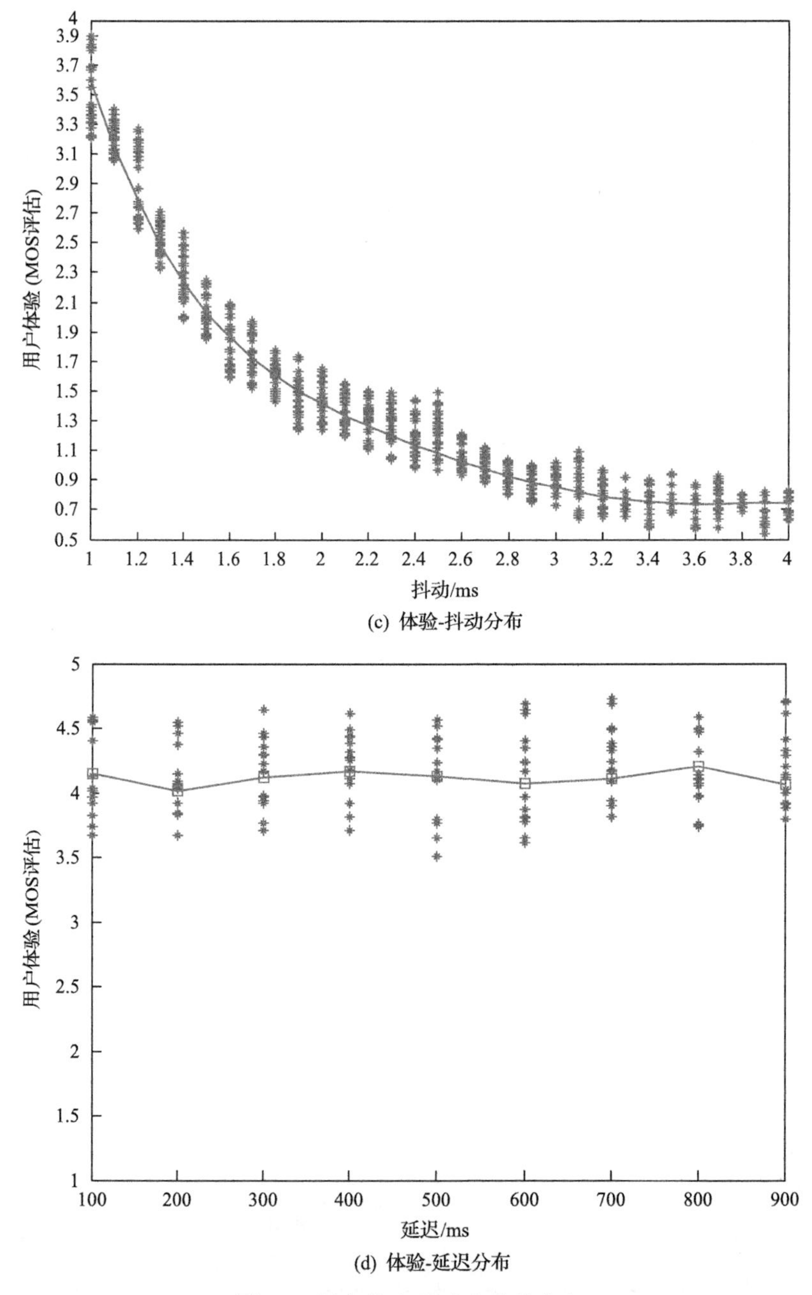

(c) 体验-抖动分布

(d) 体验-延迟分布

图 5.4　用户体验-需求参数值分布

由图 5.4(a)可知，随着带宽参数的取值增大，用户体验的评估值也变大，当带宽取值达到 3.7Mbit/s 时，用户的体验评估值达到最大；由图 5.4(b)和图 5.4(c)可知，随着丢失率参数和抖动参数的取值增大，用户体验的评估值减小，并且分别于 7.2%和 3.4ms 时，用户的体验评估值达到最小；由图 5.4(d)可知，对于延迟参数，其取值的变化对用户的体验几乎没有影响。由此可知，对于视频点播类型网络应用的 QoS 需求，可以通过调整带宽、丢失率和抖动参数的功能作为组装路由服务的候选功能。

2. 体验对参数的依赖性分布

根据各需求参数在不同取值点处用户的体验评估结果，依据 5.3.2 节所述，获得用户体验对各参数在不同取值点处的依赖程度分布曲线，作为 ISP 进行实时调整用户体验的依据，即依赖程度越高，ISP 在该取值点处调节参数能使用户获得的单位体验收益越高，结果如图 5.5 所示。

由图 5.4(d)可知，延迟对视频点播类型应用的用户体验几乎无影响，因此，图 5.5 中仅在各取值点调节时给出了带宽、丢失率和抖动对用户体验

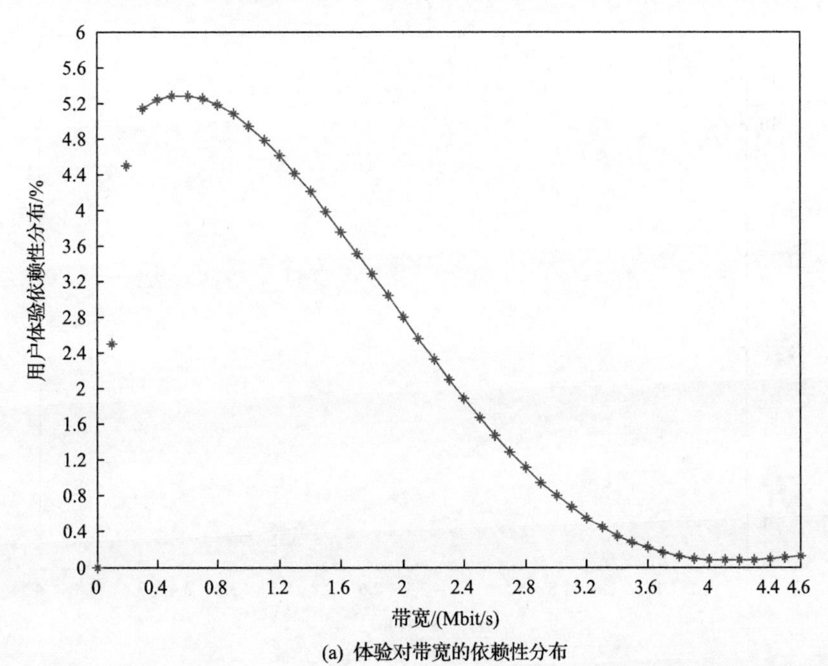

(a) 体验对带宽的依赖性分布

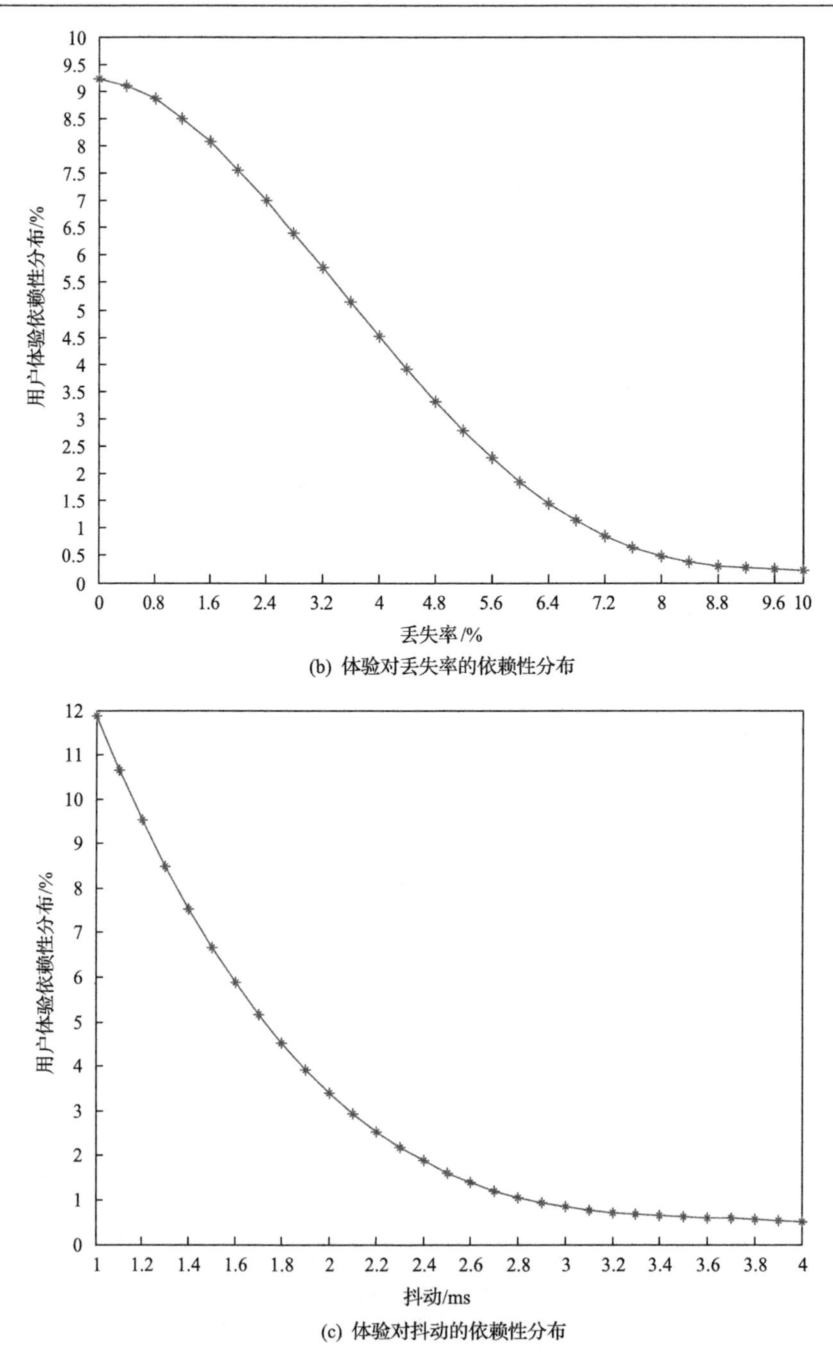

图 5.5　用户体验对需求参数的依赖性分布

的影响程度。从图 5.5 可知，带宽值由 0.2Mbit/s 到 2.5Mbit/s、丢失率由 0 到 5%、抖动由 0ms 到 2.2ms 时，每单位参数量的改变导致用户由此获得的体验变化程度相对较大，各参数取值区间其他范围内取值点每单位数量改变时，对用户体验的影响程度相对较小。

3. 用户满意度评估

当前，有许多研究工作依据用户对服务的质量体验情况对 ISP 所提供的路由服务进行评价[126,127]，然而，经济因素(即价格)也是影响应用对服务选择的关键，例如，在不同的网络负载状态下达到相同的服务体验用户所需要付出的价格不同(如单位带宽价格会随着网络负载情况变化[128])。因此，对用户的满意度评估需要综合考虑质量体验和价格两个因素，在不同的网络负载状态下对 BARC、IntServ 和 BES 的结果进行评价和分析。

把用户所获路由服务的带宽、丢失率、抖动和延迟的实际值分别映射到图 5.4(a)～(d)得到用户对此服务实际提供的带宽、丢失率、抖动和延迟的 MOS 评估值，然后，把各参数的 MOS 评估值由式(5.1)映射到[0,1]区间再代入式(5.9)，其中，带宽、丢失率、抖动和延迟同样分别设置为 11.1%、58.9%、15.1%和 14.9%。最后获得用户对服务质量的体验满意度如图 5.6 所示。

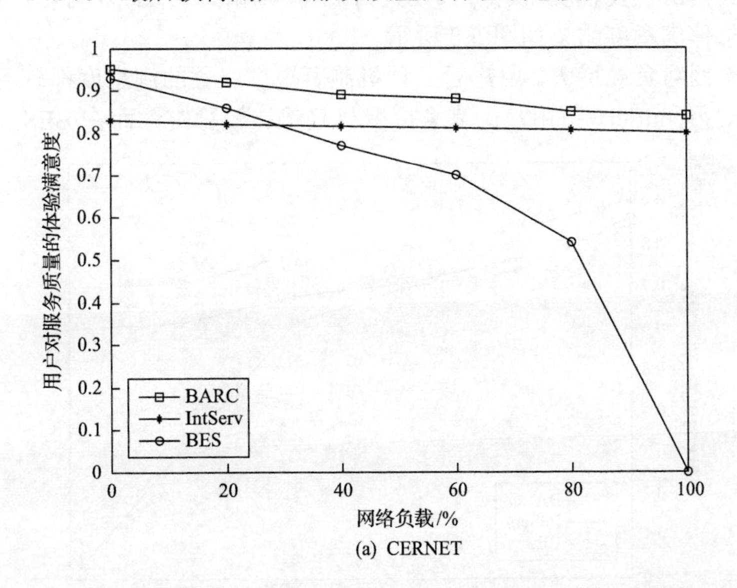

(a) CERNET

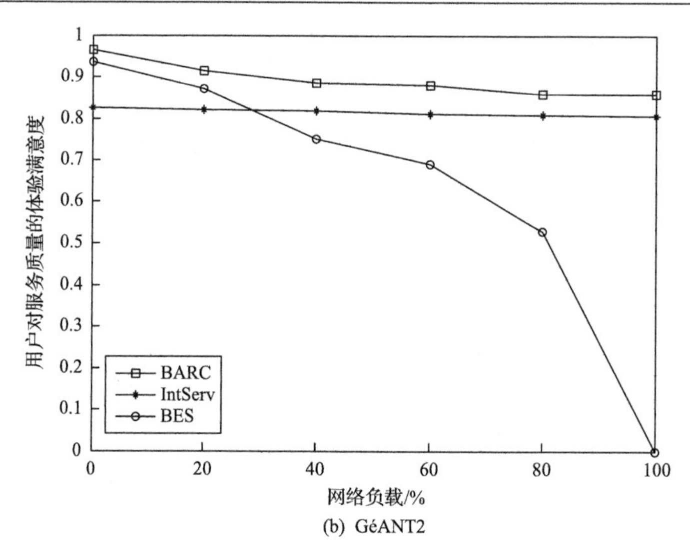

(b) GéANT2

图 5.6　用户对服务质量的体验满意度

把路由服务的实际价格代入式(5.10)，获得用户对服务价格满意度如图 5.7 所示。

综合考虑服务的质量体验和价格因素，假设两者对用户的重要程度相同，即它们的重要程度(权值)都设置为 0.5，则由式(5.11)获得用户对所获服务的总体满意度结果如图 5.8 所示。

随着网络负载增大，用户对三种机制所提供服务的满意度都有所降低，在 BARC 和 IntServ 下用户的满意度变化趋势比较稳定，而在 BES 下用户

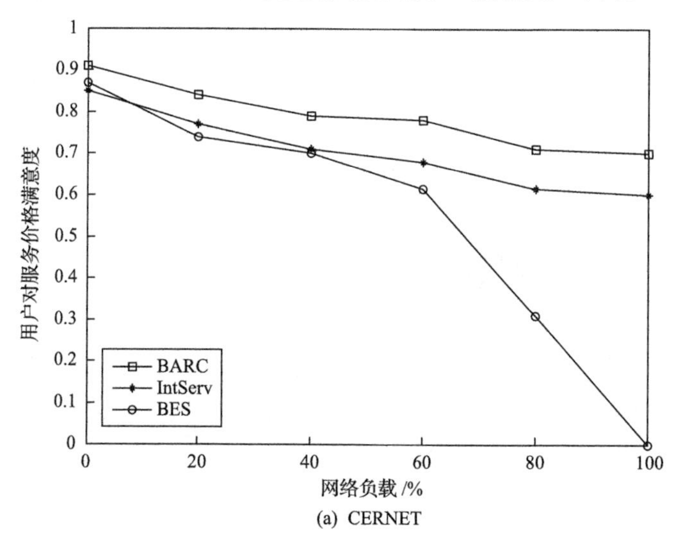

(a) CERNET

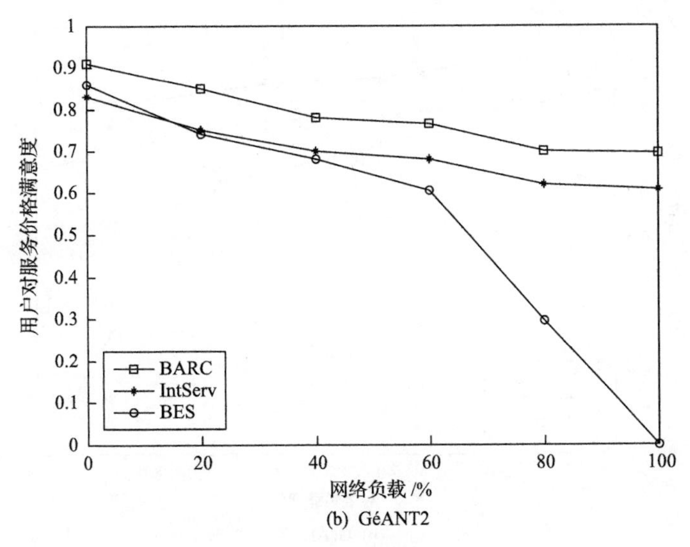

(b) GéANT2

图 5.7　用户对服务价格的满意度

的满意度下降明显，尤其当网络状态为重载之后。这是因为 BARC 和 IntServ 都提供保证型的服务，若它们无法满足用户最低需求就不会接纳用户的通信请求。用户在 BARC 下的满意度高于 IntServ，这是因为 BARC 可以根据实时网络状态情况以用户的服务体验为中心，自适应地定制更符合用户需求的服务，相较之下，IntServ 不具备自适应定制能力，无法针对性地提供优化性服务。

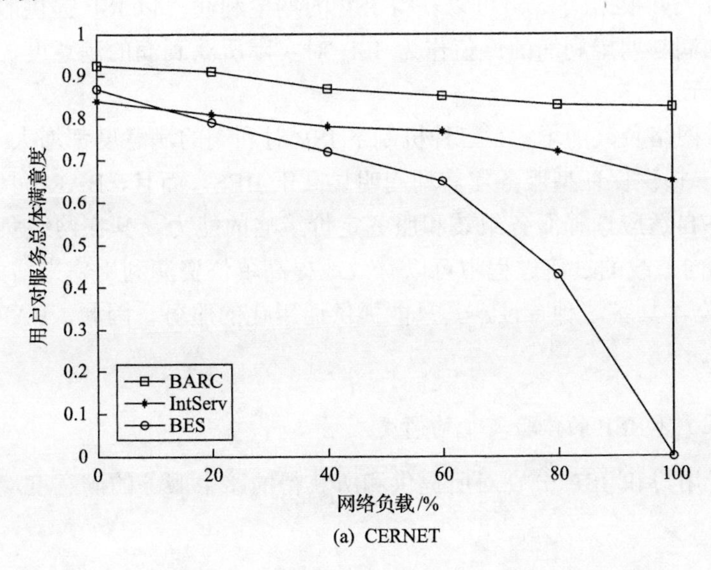

(a) CERNET

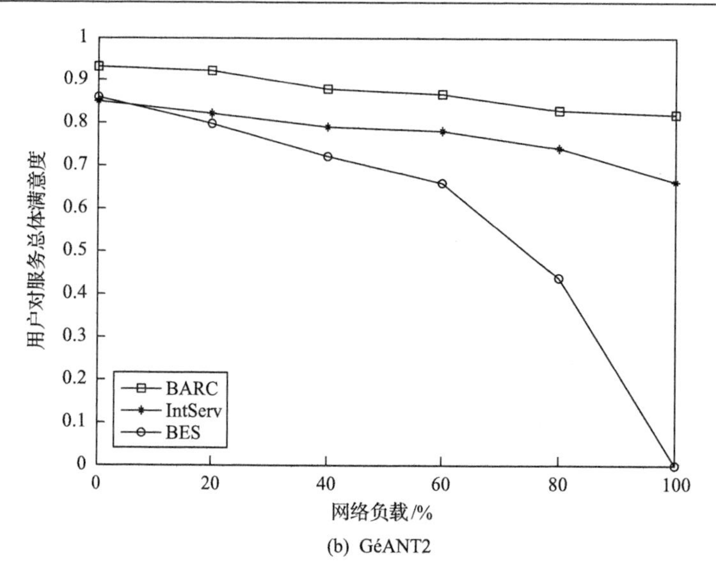

(b) GéANT2

图 5.8　用户对服务的总体满意度

4. ISP 满意度评估

ISP 提供路由服务时不仅需要满足用户的通信需求，也需要同时考虑自身的利润问题。在不同的组装策略下进行功能配置和资源调用的成本不同，而且选择定价策略时既要优化其最终利润，也不应该因过高的服务定价导致用户流失。根据式(5.8)可以获得 ISP 的期望利润，以 ISP 提供服务所获得实际利润与期望利润的比值作为 ISP 对实际所获利润的满意度，结果如图 5.9 所示。

随着网络负载的增大，三种机制下 ISP 对利润的满意度都增大，BARC 和 IntServ 提供保证型服务使其利润明显高于 BES。而且，BARC 具备根据网络状态自适应选择服务组装和服务定价策略的能力，其在网络负载由轻载、中载向重载的过渡过程中可以有效地提高单位资源利用率来增大利润，而 IntServ 不具备这种特性，其只能提供通用化的服务，因此，BARC 又优于 IntServ。

5. 用户和 ISP 的体验质量均衡度

基于用户和 ISP 分别对所提供和所获得的路由服务的满意度，以两者

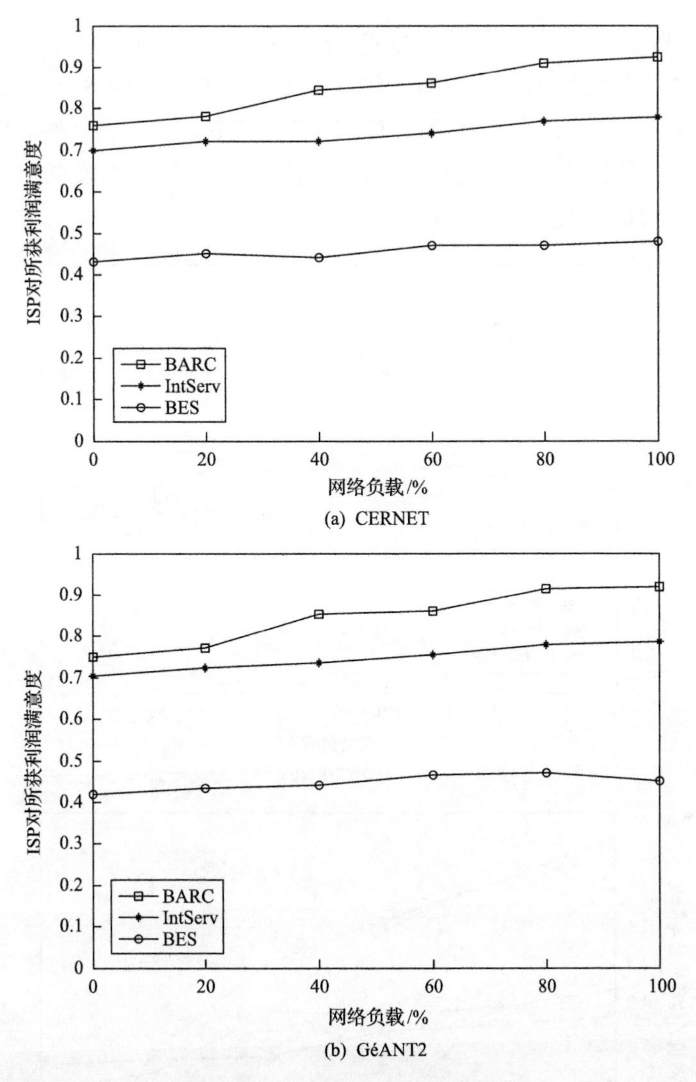

图 5.9　ISP 对所获利润的满意度

之比来判断双方对服务体验质量的均衡度，结果如图 5.10 所示。该值越趋近于 1，两者的体验质量越均衡。

在 BARC 和 IntServ 下的用户和 ISP 对服务体验质量均衡度都相对较稳定且趋近于 1，而且，BARC 优于 IntServ。相较而言，在 BES 下的用户和 ISP 对服务体验质量均衡度不稳定，并且在多数情况下与 1 的距离较大，仅在网络负载状态为 80%左右时才与 1 趋近，差于 BARC 和 IntServ。这是因为 BARC 和 IntServ 均考虑了对 QoS 的支持，而且，BARC 还同时考虑了用户和 ISP 的体验质量，利用博弈机制促使双方共赢。BES 未考虑对 QoS 的支持，当网络服务达到 80%附近时，BARC 和 IntServ 为保证 QoS 会较大幅度地提升服务价格，这样做能使 ISP 满意度增加而用户满意度相对减少，导致了双方满意度的差值变大。

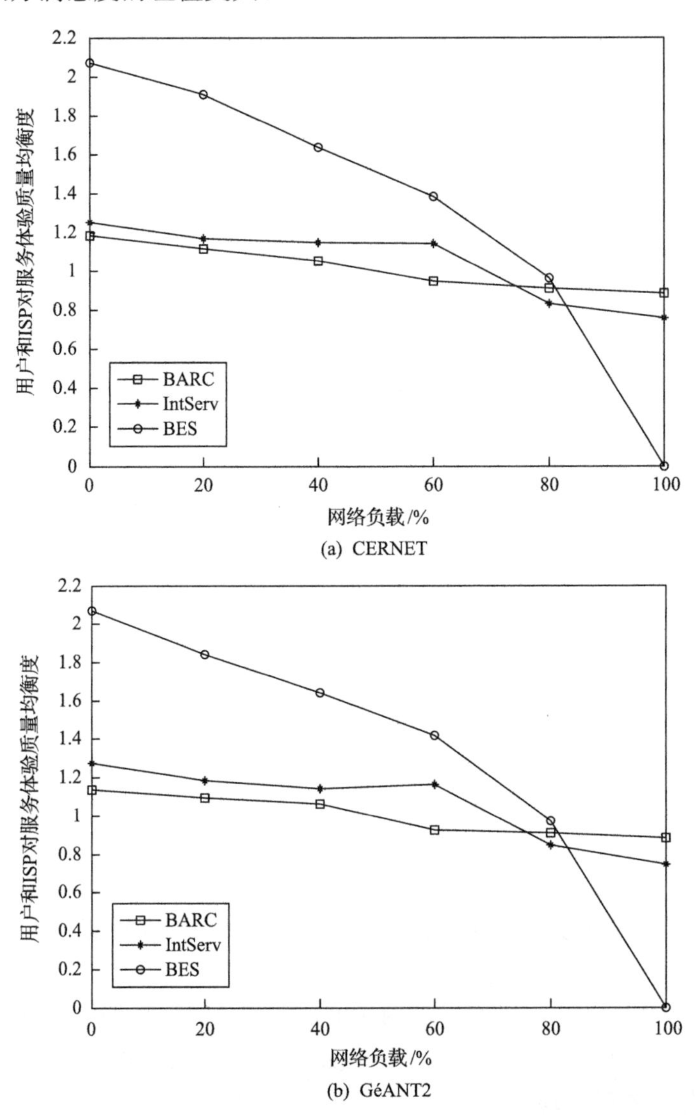

(a) CERNET

(b) GéANT2

图 5.10　用户和 ISP 对服务体验质量均衡度

6. 时间开销

比较三种机制的相对平均时间开销，设最大的平均时间开销设为 1，其他是对最大值的相对值，比较结果如图 5.11 所示。

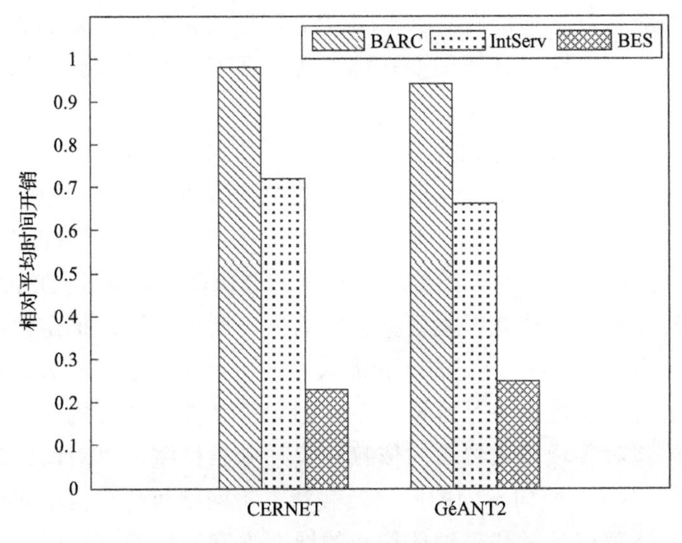

图 5.11　相对平均时间开销

因为 BES 不需要建立连接，其时间开销主要为选路所花费的时间，所以其时间开销最小。IntServ 需要建立连接，并执行路径计算和接纳控制等支持 QoS 的功能，时间开销高于 BES。BARC 不仅需要建立连接，还需要分析用户对服务的需求及服务体验情况，同时兼顾了 ISP 的经济利润，在均衡 ISP 和用户双方利益的情况下提供定制化的路由服务，所以其时间开销最大。

5.6　本 章 小 结

面向互联网中不断涌现的新型网络应用，用户对各类应用的通信需求也日益差异化和复杂化，然而，大多数用户往往因不具备专业的知识而难以准确地表达确切的定量需求，通常只能以定性的方式对相关需求进行主观感受性质的模糊表述，给 ISP 从专业化角度识别这些独特需求并依据它们自适应地选择网络功能来定制路由服务带来很大的困难和挑战。近年来互联网环境中爆炸式增长的各类型网络应用之间的通信流数据使传统的路由配置模式在解决服务质量优化、资源分配优化、功能选择优化等问题上难以为继，但是，这也给新型的以网络流状态大数据为驱动的自适应网络功能选择及路由服务定制带来新的研究思路。另外，在不同的网络资源供给状态下(即网络可用资源供大于等于求或供小于求的情况)，用户对所需路由服务的质量需求和价格需求不同，ISP 对所需定制和提供的路由服务的利润需求也不同，因此，还需要在综合考虑双方利益的情况下来定制路由服务，使双方达到利益共赢。

本章提出了大数据驱动的自适应路由服务定制系统机制，首先通过对系统机制进行建模，详细地描述了该机制中所生成的各相关模型及其构建过程，同时总结了总体的工作流程；其次，利用各类型网络应用的大量通信请求数据，面向用户的多维度、多粒度的通信需求，基于 DSPL 属性模型分析和构建方法，建立了大数据驱动的需求属性模型，把定性的模糊需求特性映射为可被 ISP 识别的准确需求参数；再次，通过对大量不同类型应用的通信流状态数据进行数据关系挖掘和关联性分析，构建了大数据驱动的用户体验对各项需求参数的依赖性关系分布模型，以对网络功能进行自适应选择；接着，面向不同的网络负载状态下网络可用资源的供给情况，分别设计了资源充足时基于纳什均衡的博弈方案和资源不足时基于混合式策略的博弈方案，对最佳满足 ISP 和用户双方偏好的服务组装和服务定价策略对进行均衡化选择，实现路由服务的定制化目标；最后，设置实验并进行性能评估，以验证本章机制的有效性。

第6章　可持续学习及优化的自适应路由服务定制

6.1　引　　言

面向用户对不同类型网络应用复杂而独特的通信需求，大量的网络功能被设计和开发出来实现对各类型数据分组多样化的处理及转发操作，往往每项功能都可以由许多相关协议及算法实现，虽然这为针对差异化的需求情形提供了丰富的可选元素，但也使如何从大量候选网络功能中选择最合适的功能来定制路由服务，最优化用户的服务体验成为挑战。如果 ISP 每次定制路由服务时都要从数量巨大的关于各网络功能的协议及算法中逐个查找、匹配并进行组合，无疑会占用过多的计算资源，还会导致耗时过长影响用户的服务体验。例如，以用户对 QoS 的多项需求为约束，从大量的网络功能中选择合适的功能合成端到端的服务，就是一个典型的 NP-hard 问题，对其选择过程进行简化和优化需要花费指数级时间。举例来说，文献[129]给出了一个企业应对八种不同类型的需求就有超过 600 种候选功能，其被选择及组合的方式超过 2^{45} 种。因此，如何对多种多样的网络功能进行归类及划分，从而高效且准确地选择满足相应需求的合适功能成为关键目标。

针对用户的多项需求(如延迟容忍、响应时间、恢复速度、安全等级等)及需求可能的组合方式，要求 ISP 需要关注用户的体验情况，并以此来调整并优化用户对所获服务的满意度。然而，用户对应用的多项通信需求和多个合适的功能之间的对应关系是一种非线性可分的映射关系，即难以简单地依据用户的若干个需求及组合方式线性地映射到若干确定的功能及组合方式上，并且，即使获得若干功能及其组合方式也无法保证由此组装的服务能最优化用户的服务体验。尤其对于每项功能来说，存在许多可以实现该功能的协议及算法，尽管这些协议及算法都可以实现同类的分组处理及转发操作(如先到先服务、加权公平队列、优先级队列等都可以实现包调度功能)，但不同的协议及算法设计初衷和侧重点往往不同，因而可能更适合某种独特的需求情形，这样，为进一步优化用户的服务体验提供了更细粒度的可选择性。另外，当前数量巨大的用户使用网络应用进行通信活动，持续地产生应用通信相关信息，如用户的多项需求及组合方式、ISP 所提供服务的信息和用户的体验反馈等，为 ISP 不断地优化定制化的路由服务提供了很大支持。

为使自适应路由服务定制机制具备可持续学习及优化能力，本章利用机器学习思想规划了路由服务的离线学习和在线学习两阶段学习及优化方案，依据 ISP 积累的历史通信信息和持续产生的新通信信息对定制化过程进行训练和学习。离线学习模式和在线学习模式是进阶性关系，而非两种孤立的学习方法，其中，离线学习模式作为在线学习模式的起点，在线学习模式作为离线学习模式的延续。在当前众多的机器学方法中，如逻辑回归、支持向量机、遗传算法、朴素贝叶斯和神经网络等，相对来说，逻辑回归和支持向量机面向非线性可分问题缺少通用化方法；遗传算法较为复杂，不利于快速地反馈优化；朴素贝叶斯不擅长处理分类问题；而神经网络方法不仅具备较好的非线性映射能力，可通过训练获得多项需求与多项功能之间的内在关联关系，并且分布式的处理机制支持高效学习，促进学习及优化过程，另外，定性及定量的信息存储于多个神经元中，使之具备较好的鲁棒性和容错性。鉴于此，本章利用多层前馈神经网络来构建路由服务的离线学习模式和在线学习模式。

本章针对路由服务的可持续性优化问题，提出具备学习能力的自适应路由服务定制机制(routing service customization mechanism, RSCM)，通过不断地训练面向用户独特通信需求的网络功能选择及组合方式，持续地改善用户的服务体验，促进路由服务最优定制化目标。利用 DSPL 思想，依据多样化网络功能的特性构建多粒度的功能属性模型，作为路由服务学习及训练的基础。引入机器学习思想，提出基于多层前馈神经网络的路由服务学习模型。设计路由服务离线学习模式，依据 ISP 历史经验信息训练神经网络，获得支持各类型网络应用基本通信所必需的通用化功能选择及组合方式。设计路由服务在线学习模式，依据用户独特的需求情形和服务体验反馈来训练和优化专用化功能选择及组合方式，实现路由服务最优定制目标。

6.2　RSCM 系统机制建模

6.2.1　系统框架

基于软件定义思想，利用 SDN 和 NFV 对 RSCM 系统机制进行建模。

通过 SDN 把控制逻辑从数据转发中解耦来构建基于 SDN 的路由服务控制中心；通过 NFV 把基于软件的网络功能从底层网络基础设施中解耦来构建基于 NFV 的路由服务编排中心，RSCM 系统机制建模如图 6.1 所示。

基于NFV的路由服务编排中心对底层的网络基础设施进行虚拟化和抽象，来屏蔽底层设备的差异性，并向上层呈现全网的抽象模型以及相关业务和流量，例如，把数据平面映射到虚拟平面形成虚拟化网络、功能池和计算资源及存储资源。功能池中的网络功能以标准化接口设计来支持可重用、可扩展和可组装等特点，各功能可被移植到底层支持 NFV 的交换机中以组合的方式在应用的通信路径上合成路由服务，满足不同的分组处理及转发操作。虚拟化网络和计算资源及存储资源便于上层从全局视图实现功能和资源的统一调度和分配。

基于 SDN 的路由服务控制中心负责生成整个系统机制的控制平面，作为定制路由服务的逻辑控制中心。在控制平面中，设计了功能领域知识模块、功能划分及归并模块、路由服务学习模块和路由服务组装模块。其中，功能领域知识模块包含构成不同类型路由服务各功能组件的能力、性能、执行等相关信息，用于对各网络功能的分类特性和执行特性进行分析。功能划分及归并模块利用 DSPL 属性分析方法，依据粒度特性和执行特性等对多种多样的网络功能进行划分和归并，建立多粒度的功能属性模型。路由服务学习模块用于建立针对用户不同需求情形的神经网络，通过离线学习模式依据历史信息训练后，再由在线学习模式依据用户实时的独特需求及体验反馈进行持续性优化。路由服务组装模块依据路由服务学习模块最新的神经网络训练结果，生成及更新路由服务匹配规则，并下发到数据平面相应通信路径的交换机中。其中，路由服务组装及匹配规则如图 6.2 所示。

6.2.2　功能属性模型

面向独特的需求情形，在大量的候选网络功能中，ISP 需要具备快速且准确区分各网络功能特性的能力，从而实现高效地选择合适的功能并以此定制路由服务的目标。本节中利用 DSPL 属性分析方法，依据构成各类型路由服务的各功能组件的能力、性能、执行、粒度等特性信息，即 ISP 过去所积累的各类型路由服务的功能组件组成和配置相关的历史经验信息，构建多粒度的功能属性模型，粒度由上到下逐层变细，作为从离线学习模式到在线学习模式进阶学习过程中优化网络功能选择及服务定制的基础。

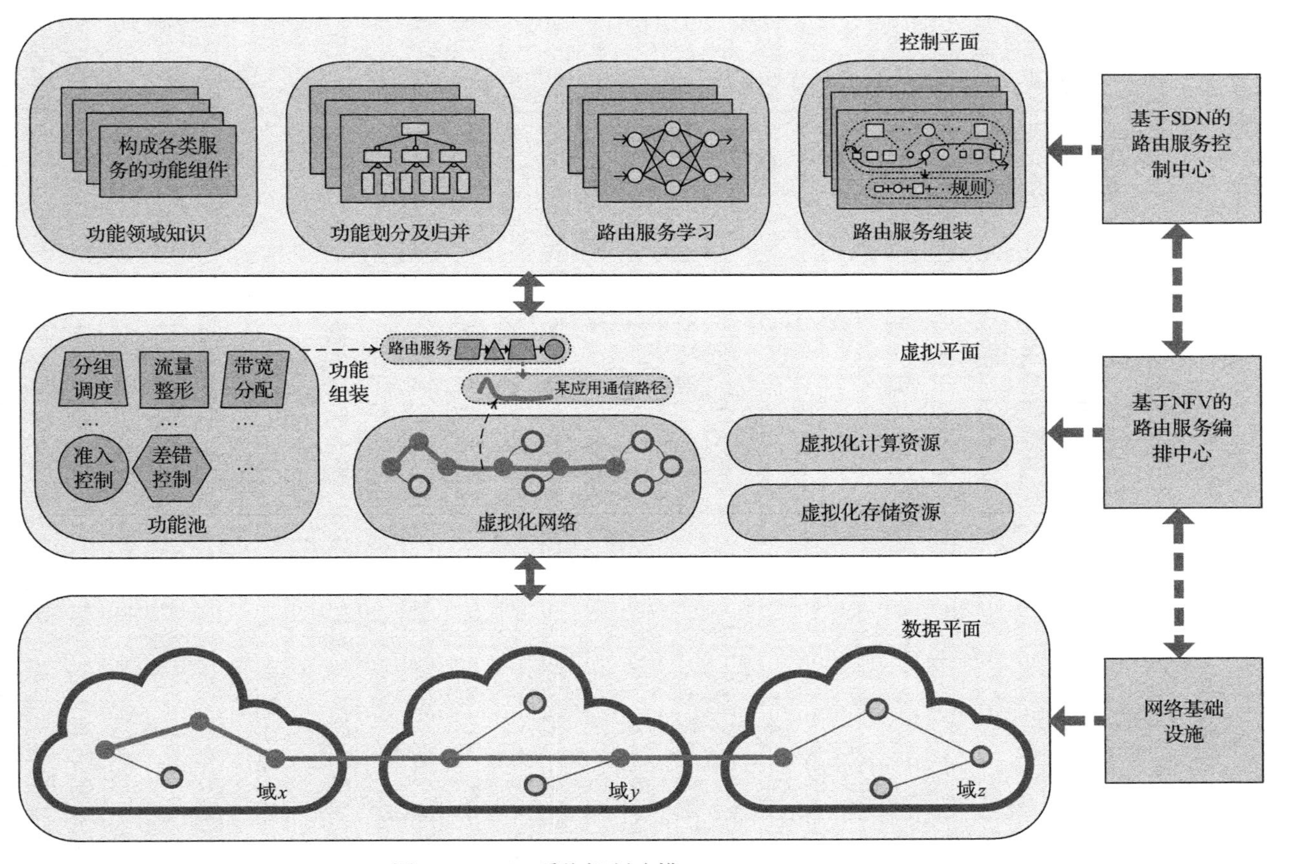

图6.1　RSCM系统机制建模

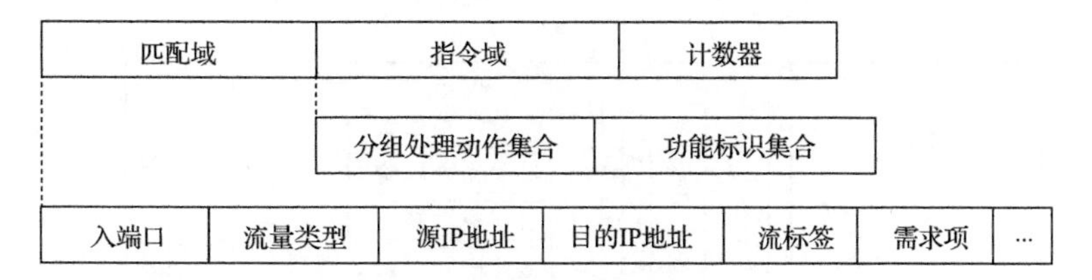

图 6.2　路由服务组装及匹配规则

本节提出的多粒度功能属性模型包括服务属性层、通用功能层和专用功能层，具体如图 6.3 所示。服务属性层为面向某种类型的路由服务所有可能具备的属性(即用户可能对该类型服务提出的需求特性集合)，例如，视频点播类应用需要支持 QoS 特性的路由服务，而电子邮件类型的应用则无须 QoS 支持。通用功能层是为实现对路由服务相应特性的需求所需要的功能分类及其集合，例如，为满足对视频点播类应用的 QoS 特性需求，分组调度、拥塞控制、流量整形、带宽分配和缓冲管理等功能中的一个或者多个可被选择作为合成路由服务的功能组件。专用功能层为对应于各通用化功能的多种专用化功能(如各种具体的协议计算法等)的分类及集合，每个分类中的专用化功能都可以实现其所对应通用化功能对分组处理及转发的目的，但各分类中不同的专用化功能还具备独特的专用能力(如针对的需求因素不同或服务优化的侧重点不同)。例如，缓冲处理功能分类下的完全划分策略和完全共享策略两种专用化功能都能实现对分组的缓冲处理操作。若选择完全划分策略，该应用的分组能够独立使用被分配的缓冲资源来降低被丢失的概率，但服务成本较高；若选择完全共享策略，则该应用的分组可能因为缓冲资源被其他应用的分组占用使其被丢弃的概率增大，但服务成本较低。因此，在更细粒度的专用功能层，通过对各独特的专用化功能进行合理的选择并定制路由服务，可以更好地满足用户个性化的通信需求，从而优化用户的服务体验。

6.2.3　路由服务组装

依据上述多粒度的功能属性模型，通过路由服务离线学习模式的训练，可以获得通用功能层中面向支持不同类型应用的路由服务各通用化功能组件选择及组合方式，通过路由服务在线学习模式的训练，可以获得专用功能层中针对用户独特需求情形下的专用化功能选择及组合方式。路由服务组装模块则是基于路由服务学习模块的路由功能选择及组合方式结果，来组装相应的功能并调用所需的资源，同时更新相对应的路由服务匹配规则。

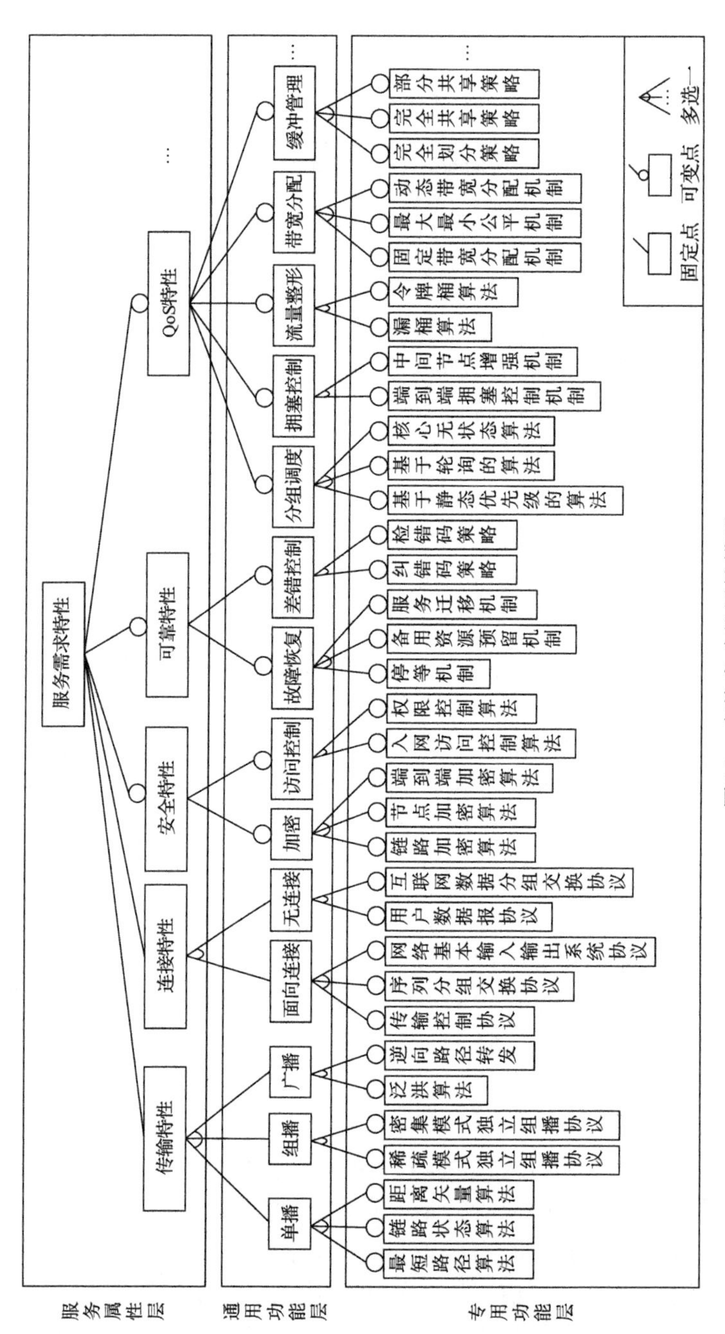

图6.3　多粒度功能属性模型

基于第 4 章中提出的定制路由服务的形式化定义及描述方法，本节把路由服务抽象为服务链结构，构成路由服务的各功能组件作为服务链的各节点，用于对分组进行不同的处理及转发操作，并利用 pull（拉）和 push（推）两个动作对分组进行迁移操作，直到应用的数据分组被处理完毕由路由服务转发出去，结合通用功能层和专用功能层的抽象模型如图 6.4 所示。

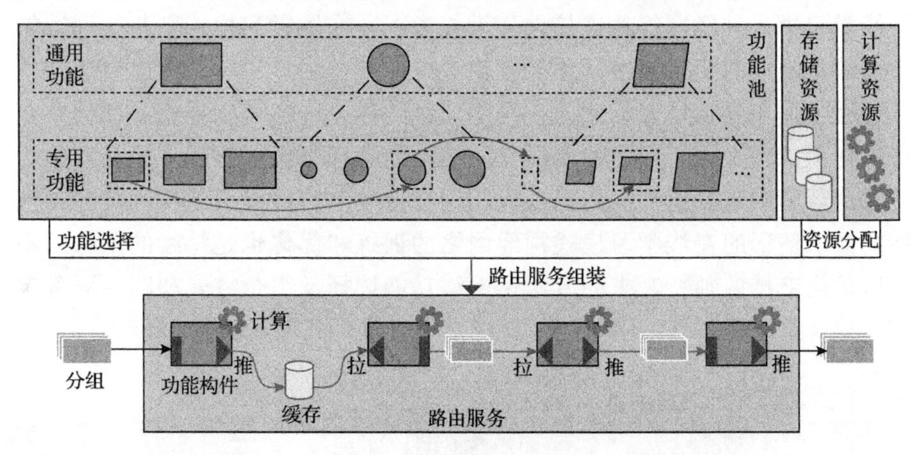

图 6.4　服务组装抽象模型

6.3　路由服务学习及优化

6.3.1　学习模式总体规划

对路由服务的特性需求往往难以简单地直接由相应特性下对应分类的网络功能独立地满足，通常还需要其他分类的网络功能以组合协作的方式共同实现。例如，从粗粒度角度，对 QoS 特性的需求可能还需要连接特性（如面向连接）和可靠性特性（如差错控制）等的支持；从细粒度角度，拥塞控制通常需要实现分组调度和缓冲管理等的相关算法来支持。特别是所需要的路由服务要同时满足多项需求特性时，选择合适的网络功能及组合方式进行适需的组装变得更加关键。本章利用机器学习思想，使用多层前馈神经网络对网络功能选择和服务合成进行学习，通过训练和优化获得针对不同需求情形下网络功能的选择及组合方式，实现最优满足用户需求的路由服务定制目标。

基于上述所提出的多粒度功能属性模型，路由服务离线学习模式和路由服务在线学习模式分别对应于该模型的通用功能层和专用功能层。其中，离线学习模式主要利用 ISP 历史上为不同类型网络应用配置路由服务的经验信息(即通常支持各类应用通信所必需的网络功能及组合方式，例如，典型的综合服务模型或区分服务模型中对支持各类应用通信的路由服务配置情况)，来训练面向不同类型应用的离线学习模式神经网络，并获得相应的离线学习模式神经网络各连接权值设置情况。在线学习模式则基于训练结束后的离线学习模式神经网络的权值设置，依据用户独特的需求情形和用户的服务体验反馈，对相应的在线学习模式神经网络进行调整和优化，获得针对用户个性化需求下的专用化网络功能选择及组合方式。而且，由于互联网环境中数量庞大的用户规模和用户持续性的网络通信活动，对面向不同需求情形的在线学习模式神经网络的训练和优化也是持续的，从而不断地优化支持各独特需求的专用化网络功能选择及组合方式和路由服务定制过程。路由服务离线学习模式与在线学习模式关系如图 6.5 所示。

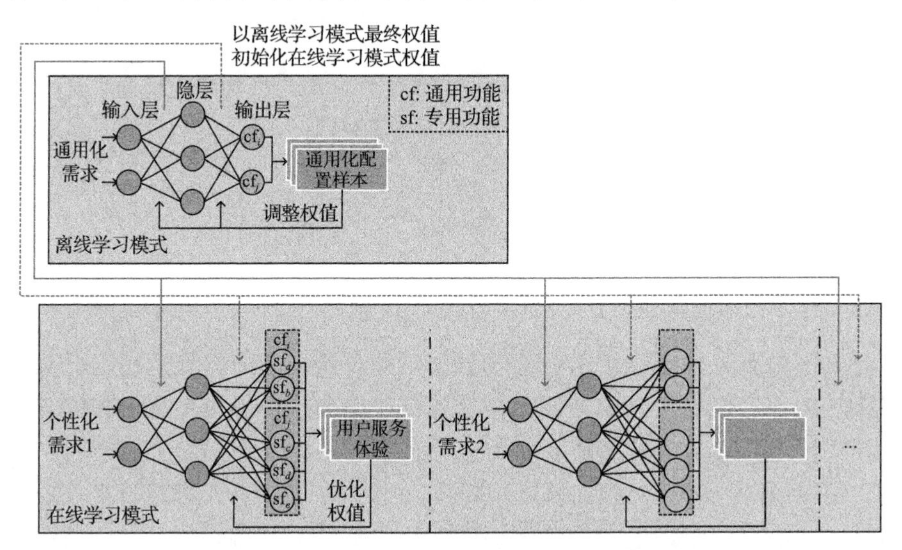

图 6.5 路由服务离线学习模式与在线学习模式关系

6.3.2 离线学习模式

在路由服务离线学习模式中，ISP 根据各类型应用对路由服务通常的特性需求和其为各类型应用提供通用化路由服务的配置经验(即通常支持各类型应用通信所必需的网络功能)来训练相对应的离线学习模式神经网络。

基于上述建立的功能属性模型，在离线学习模式神经网络中，服务属性层所示的各特性作为神经网络输入层各神经元，输入层信息(如某类型应用对路由服务的各项特性需求情况)经神经网络的隐层和输出层进行处理加工后，由输出层各神经元输出结果。然后通过对比该输出结果和训练样例，利用逆误差传播算法来训练和调整相应神经网络的各权值设置。由此，对于某种类型的应用，训练支持其正常通信的通用路由服务(即通用化功能选择及组合方式)的神经网络(即离线学习模式)，定义如下。

首先对离线学习模式神经网络进行建模，如图 6.6 所示。

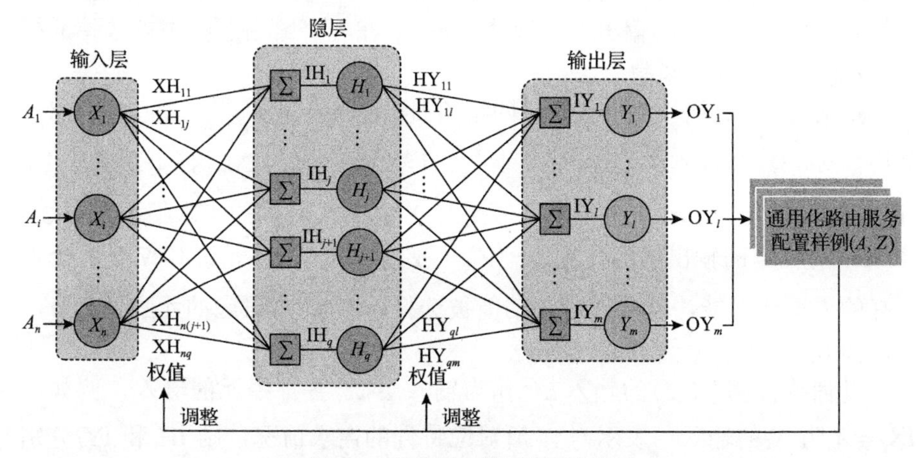

图 6.6　离线学习模式神经网络

定义 6.1　离线学习模式神经网络定义为一个六元组 $\langle \mathrm{ofnn_{id}}, X, H, Y, \mathrm{XH}, \mathrm{HY} \rangle$。其中，$\mathrm{ofnn_{id}}$ 为该离线学习模式神经网络的唯一标识；$X = \{X_1, \cdots, X_i, \cdots, X_n | i,n \in \mathbf{N}_+\}$ 为输入层神经元集合；$H = \{H_1, \cdots, H_j, \cdots, H_q | j,q \in \mathbf{N}_+\}$ 为隐层神经元集合；$Y = \{Y_1, \cdots, Y_l, \cdots, Y_m | l,m \in \mathbf{N}_+\}$ 为输出层神经元集合；$\mathrm{XH} = \{\mathrm{XH}_{11}, \cdots, \mathrm{XH}_{ij}, \cdots, \mathrm{XH}_{nq} | i,j,n,q \in \mathbf{N}_+\}$ 为输入层神经元与隐层神经元之间的连接权值集合，如 XH_{ij} 为 X_i 与 H_j 的连接权值；$\mathrm{HY} = \{\mathrm{HY}_{11}, \cdots, \mathrm{HY}_{jl}, \cdots, \mathrm{HY}_{qm} | j,l,q,m \in \mathbf{N}_+\}$ 为隐层神经元与输出层神经元之间的连接权值集合，如 HY_{jl} 为 H_j 与 Y_l 的连接权值。

定义 6.2　输入层神经元定义为一个二元组 $\langle X_{\mathrm{id}}, \mathrm{IX_{id}} \rangle$。其中，$X_{\mathrm{id}}$（$X_{\mathrm{id}} \in X$）为该神经元的唯一标识，其对应于功能属性模型的服务属性层中一个特性，即 X 中各元素分别对应于服务属性层中各特性，并且作为对应特性的唯一标识；$\mathrm{IX_{id}}$ 为 X_{id} 的输入。

定义 6.3 隐层神经元定义为一个四元组 $\langle H_{\mathrm{id}},\mathrm{IH_{id}},\mathrm{OH_{id}},f\rangle$。其中，$H_{\mathrm{id}}$（$H_{\mathrm{id}}\in H$）为该神经元的唯一标识；$\mathrm{IH_{id}}$ 为 H_{id} 的输入；$\mathrm{OH_{id}}$ 为 H_{id} 的输出；f 为神经元激活函数。

定义 6.4 离线学习模式神经网络输出层神经元定义为一个四元组 $\langle Y_{\mathrm{id}},\mathrm{IY_{id}},\mathrm{OY_{id}},f\rangle$。其中，$Y_{\mathrm{id}}$（$Y_{\mathrm{id}}\in Y$）为该神经元的唯一标识，对应于功能属性模型的通用功能层中一个通用化功能，即 Y 中各元素分别对应于通用功能层中各通用化功能，并且作为对应通用化功能的唯一标识；$\mathrm{IY_{id}}$ 为 Y_{id} 的输入；$\mathrm{OY_{id}}$ 为 Y_{id} 的输出，其数值表示 Y_{id} 在一个路由服务中被选择的概率；f 为神经元激活函数。

定义 6.5 离线学习模式神经网络的训练样例定义为一个二元组 $\langle A,Z\rangle$。其中，$A\in\mathbf{R}^n$ 为样本中的输入示例，且 $A=\{A_1,\cdots,A_i,\cdots,A_n\}$，$A_i$ 对应于 IX_i 并作为 X_i 的输入，即 A 由该类型应用对 X 中 n 个特性的需求情况来描述；$Z\in\mathbf{R}^m$ 为样本的输出示例，且 $Z=\{Z_1,\cdots,Z_l,\cdots,Z_m\}$，各元素对应于 m 个被选择的通用化功能，若某通用化功能被选择，则 Z 中对应的元素值为 1，否则为 0。

以训练样例 $\langle A,Z\rangle$ 的输入 A 作为输入层 X 各神经元的输入，例如，$\mathrm{IX}_i=A_i$ 为 X_i 的输入，表示对 X_i 所对应特性的需求情况，则 IH_j 和 IY_l 分别如下：

$$\mathrm{IH}_j=\sum_{i=1}^{n}A_i\cdot\mathrm{XH}_{ij}\tag{6.1}$$

$$\mathrm{IY}_l=\sum_{j=1}^{q}\mathrm{OH}_j\cdot\mathrm{HY}_{jl}\tag{6.2}$$

离线学习模式神经网络的隐层和输出层各神经元的激活函数 f 采用典型的 132 函数[130]，如下所示：

$$f(x)=\frac{1}{1+\mathrm{e}^{-x}}\tag{6.3}$$

该表达式具备如下性质：

$$f'(x)=f(x)(1-f(x))\tag{6.4}$$

因此，获得 OH_j 和 OY_l 分别如下所示：

$$\mathrm{OH}_j = f\left(\mathrm{IH}_j\right) \tag{6.5}$$

$$\mathrm{OY}_l = f\left(\mathrm{IY}_l\right) \tag{6.6}$$

显然，$0<\mathrm{OH}_j<1$，$0<\mathrm{OY}_l<1$，其中，OY_l 为 Y_l 所对应通用化功能被选择的概率，即 Y_l 作为组装该类通用路由服务一个功能组件的可能性。

假设由训练样例 $\langle A,Z\rangle$ 的输入 A，该离线学习模式神经网络的输出集合为 OY（$\mathrm{OY}_l \in \mathrm{OY}$），记作 $\langle A,\mathrm{OY}\rangle$，则该输出与样例中输出 Z 之间的均方差 E 定义如下：

$$E=\frac{1}{2}\sum_{l=1}^{m}\left(\mathrm{OY}_l - Z_l\right)^2 \tag{6.7}$$

本节基于逆误差传播算法依据给定的训练样例为目标，从负阶梯方向对离线学习模式神经网络的各权值进行训练和调整。对隐层中 H_j 与输出层中 Y_l 之间的连接权值 HY_{jl} 的学习及调整方式如下所示：

$$\mathrm{HY}_{jl} \leftarrow \mathrm{HY}_{jl} + \Delta\mathrm{HY}_{jl} \tag{6.8}$$

$$\Delta\mathrm{HY}_{jl}=-\beta\cdot\frac{\partial E}{\partial \mathrm{HY}_{jl}} \tag{6.9}$$

其中，β（$\beta\in(0,1)$）为学习率。依据链式法则，表达式(6.9)可以做如下变化：

$$\Delta\mathrm{HY}_{jl}=-\beta\cdot\frac{\partial E}{\partial \mathrm{OY}_l}\cdot\frac{\partial \mathrm{OY}_l}{\partial \mathrm{IY}_l}\cdot\frac{\partial \mathrm{IY}_l}{\partial \mathrm{HY}_{jl}} \tag{6.10}$$

依据式(6.2)、式(6.3)、式(6.4)、式(6.6)和式(6.7)可得

$$\begin{cases}\dfrac{\partial \mathrm{IY}_l}{\partial \mathrm{HY}_{jl}}=\mathrm{OH}_j \\ \dfrac{\partial E}{\partial \mathrm{OY}_l}=\left(\mathrm{OY}_l - Z_l\right)=M_l \\ \dfrac{\partial \mathrm{OY}_l}{\partial \mathrm{IY}_l}=f'\left(\mathrm{IY}_l\right)=\mathrm{OY}_l\left(1-\mathrm{OY}_l\right)\end{cases} \tag{6.11}$$

把上述表达式代入式(6.10)中，可获得$\Delta\mathrm{HY}_{jl}$的最终表达式：

$$\Delta\mathrm{HY}_{jl}=\beta\cdot\mathrm{OH}_j\cdot\mathrm{OY}_l\cdot\left(\mathrm{OY}_l-1\right)\cdot M_l \tag{6.12}$$

同理，输入层中X_i与隐层中H_j之间的连接权值XH_{ij}的学习及调整方式如下所示：

$$\mathrm{XH}_{ij}\leftarrow\mathrm{XH}_{ij}+\Delta\mathrm{XH}_{ij} \tag{6.13}$$

$$\Delta\mathrm{XH}_{ij}=-\beta\cdot\frac{\partial E}{\partial\mathrm{XH}_{ij}}=\beta\cdot A_i\cdot\left(\frac{\partial E}{\partial\mathrm{OH}_j}\cdot\frac{\partial\mathrm{OH}_j}{\partial\mathrm{IH}_j}\right) \tag{6.14}$$

依据对式(6.11)的推导过程，可以获得

$$\begin{cases}\dfrac{\partial\mathrm{OH}_j}{\partial\mathrm{IH}_j}=f'\left(\mathrm{IH}_j\right)\\ \dfrac{\partial E}{\partial\mathrm{OH}_j}=\sum\limits_{l=1}^{m}\dfrac{\partial E}{\partial\mathrm{IY}_l}\cdot\dfrac{\partial\mathrm{IY}_l}{\partial\mathrm{OH}_j}\end{cases} \tag{6.15}$$

$$\begin{cases}\dfrac{\partial\mathrm{IY}_l}{\partial\mathrm{OH}_j}=\mathrm{HY}_{jl}\\ \dfrac{\partial E}{\partial\mathrm{IY}_l}=\dfrac{\partial E}{\partial\mathrm{OY}_l}\cdot\dfrac{\partial\mathrm{OY}_l}{\partial\mathrm{IY}_l}=G_l\end{cases} \tag{6.16}$$

把上述表达式代入式(6.14)中，可以获得$\Delta\mathrm{XH}_{ij}$的最终表达式

$$\Delta\mathrm{XH}_{ij}=\beta\cdot A_i\cdot f'\left(\mathrm{IH}_j\right)\cdot\sum_{l=1}^{m}\left(\mathrm{HY}_{jl}\cdot G_l\right) \tag{6.17}$$

由式(6.11)可知$G_l=\left(\mathrm{OY}_l-Z_l\right)\cdot\mathrm{OY}_l\cdot\left(1-\mathrm{OY}_l\right)$。

离线学习模式的目的是依据不同类型的网络应用对路由服务通常的特性需求情形，由其所对应的神经网络运算后获得通用化功能的选择及组合结果，然后以迭代的方式对神经网络中各连接权值进行训练来减小该神经网络输出结果 OY 和训练样例 Z 之间的误差。因此，对于OY_l和Z_l，随着离线学习模式神经网络的训练和学习，OY_l的值会越来越趋近于Z_l，若Y_l为样例中被选择的通用化功能，则OY_l的值会越来越接近于 1，否则OY_l

的值会越来越接近于 0。然而，本节设计的离线学习模式的训练并不是以最小化 OY 和 Z 之间的误差为目标，而是通过减小 OY 与 Z 之间的误差，达到使神经网络能满足该类型应用基本通信所必需的通用化功能被选择，但不必要的通用化功能不被选择的目的，从而作为下一步在线学习模式下实现细粒度的专用化功能选择及组合方式来定制路由服务的基础。考虑到采用这种方式，在训练集存在偏差的情形下，其训练结果可能会出现过拟合现象，使通过训练获得的神经网络只适合于当前的测试用例，失去了进一步提高训练结果的可能，对于这种情况，本节引入正则化的方法对神经网络的训练过程进行优化，使之可以有效地抵消由于存在个别偏差的训练集可能导致某些权值变化过大而影响该神经网络训练主方向的不利结果，从而使神经网络局部上有所偏离的变化因素（如某些权值的变化）不会对离线学习模式的整体训练目标造成影响。对式(6.7)加入正则项，如下所示：

$$E'=\frac{1}{2}\sum_{l=1}^{m}\left(\mathrm{OY}_l - Z_l\right)^2+\frac{\lambda}{2u}\sum_{\mathrm{HY}_{jl}\in\mathrm{HY}}\mathrm{HY}_{jl}^2 \tag{6.18}$$

其中，λ ($\lambda\in(0,1)$) 为正则系数；u 为进行迭代训练的次数。由 E' 替换 E 并代入式(6.12)和式(6.17)中，获得每次迭代训练后各相关权值的调整优化值。由于训练的目标并不需要使误差 E' 达到最小，本节设定阈值 TL 和 TH，且 $0<\mathrm{TL}<\mathrm{TH}<1$，当 $\mathrm{OY}_l<\mathrm{TL}$ 时，OY_l 对应的 Y_l 不被选择；当 $\mathrm{OY}_l>\mathrm{TH}$ 时，OY_l 对应的 Y_l 被选择。取最近连续的 t 次迭代训练结果，如果满足如下表达式（假设前一次为第 t 次训练），则离线学习模式神经网络训练完成：

$$\begin{gathered}\forall\mathrm{OY}_l\in\mathrm{OY},\forall\mathrm{OY}_k\in\mathrm{OY},\mathrm{OY}_l\neq\mathrm{OY}_k,\quad 1<h\leqslant t\\ \begin{cases}(\mathrm{TH}\leqslant\mathrm{OY}_l(t))\wedge(\mathrm{OY}_l(h-1)\leqslant\mathrm{OY}_l(h))=1\\(\mathrm{TL}\geqslant\mathrm{OY}_k(t))\wedge(\mathrm{OY}_k(h-1)\geqslant\mathrm{OY}_l(h))=1\\E'(h-1)\geqslant E'(h)\end{cases}\end{gathered} \tag{6.19}$$

其中，$\mathrm{OY}_l(h)$ 为第 h 次迭代训练时 Y_l 的输出；$E'(h)$ 为第 h 次迭代训练时的均方差。根据训练样例，在最近连续 t 次迭代训练中，所有必需被选择的通用化功能对应的输出值都大于等于前一次迭代训练的输出值，并且其输出结果已经大于等于 TH；所有无须选择的功能对应的输出值都小于等于前一次迭代训练的输出值，并且其输出结果已经小于等于 TL，而且，满足神经网络的迭代训练是面向均方差减小的方向。

6.3.3　在线学习模式

通过路由服务离线学习模式，面向各类型应用基本需求特性的通用路由服务所对应的离线学习模式神经网络被训练完成，从而获得通用化网络功能选择及组合方式。然而，即使对于同一类型的网络应用，不同的用户也有独特的差异化通信需求，例如，对 QoS 特性不同等级的需求带给用户的服务体验显然有差别。仅依靠离线学习模式获得通用化功能选择结果来合成路由服务是不够的，因为用户通常不仅仅满足于获得应用基本通信需求的服务。因此，本节进一步设计了路由服务在线学习模式，从更细粒度上选择专用化功能及组合方式(即功能属性模型专用功能层)，并对选择及组合结果进行持续性优化。在线学习模式神经网络以训练完成的离线学习模式神经网络为基础，进一步对输出层各神经元进行扩展，实现从更细粒度上对组成定制化路由服务的网络功能进行针对性、侧重性的个性化选择(即由通用化功能到专用化功能)。对在线学习模式神经网络进行如下定义。

首先对在线学习模式神经网络进行建模，如图 6.7 所示。

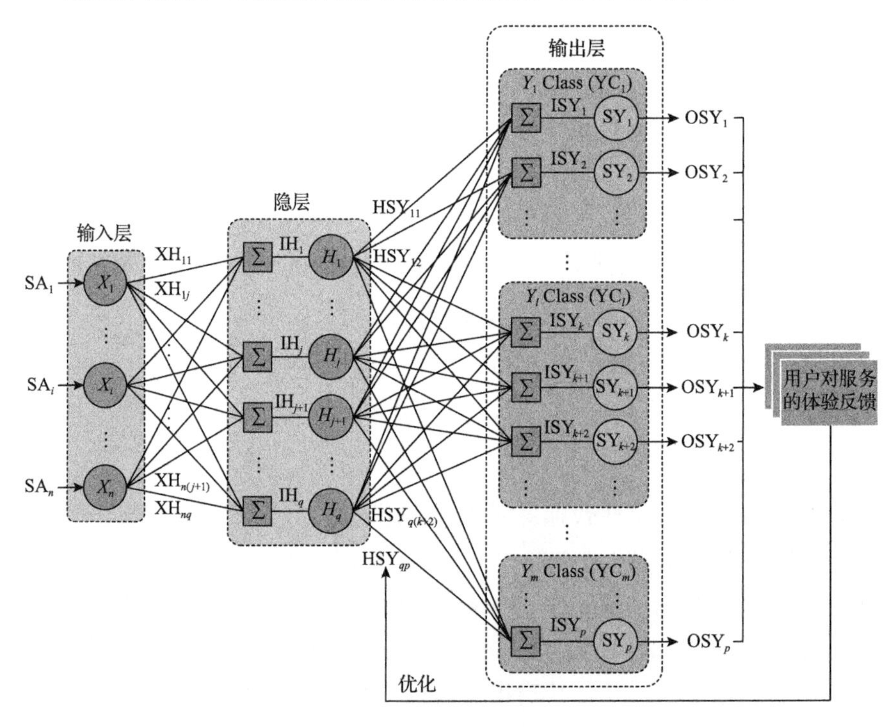

图 6.7　在线学习模式神经网络

定义 6.6　在线学习模式神经网络定义为一个七元组$\langle \text{onnn}_{\text{id}}, X, H, \text{XH}, \text{SY}, \text{YC}, \text{HSY} \rangle$，由其对应的离线学习模式神经网络(定义 6.1)进行初始化设置。其中，onnn_{id}为该在线学习模式神经网络的唯一标识；X、H 和 XH 的含义如定义 6.1 所述，XH 中各元素的值由训练完成后离线学习模式神经网络相对应连接的权值进行赋予；$\text{SY} = \left\{ \text{SY}_1, \cdots, \text{SY}_k, \cdots, \text{SY}_p | k, p \in \mathbf{N}_+ \right\}$为该神经网络输出层各神经元集合，各元素对应于功能属性模型专用功能层中各专用化功能，并且作为各专用化功能的唯一标识；$\text{YC} = \left\{ \text{YC}_1, \cdots, \text{YC}_l, \cdots, \text{YC}_m | l, m \in \mathbf{N}_+ \right\}$为依据功能属性模型中各通用化功能和各专用化功能之间的对应关系对各专用化功能进行分类后的集合，例如，如图 6.7 所示，YC_1对应于 Y_1(定义 6.1)，且$\text{SY}_1, \text{SY}_2 \in \text{YC}_1$，$\text{SY}_k, \text{SY}_{k+1}, \text{SY}_{k+2} \in \text{YC}_l$，$\text{SY}_p \in \text{YC}_m$，$\text{YC}_1, \text{YC}_l, \text{YC}_m \subset \text{SY}$；$\text{HSY} = \left\{ \text{HSY}_{11}, \cdots, \text{HSY}_{jk}, \cdots, \text{HSY}_{qp} | j, k, q, p \in \mathbf{N}_+ \right\}$为该神经网络隐层各神经元与输出层各神经元之间的连接权值集合，例如，HSY_{jk}为 H_j 与 SY_k 的连接权值，依据相对应的训练完成后的离线学习模式神经网络中 HY 各元素的值对 HSY 各元素进行初始化赋值，当$\text{SY}_k \in \text{YC}_l$时，$\text{HSY}_{jk} = \text{HY}_{jl}$，即如果$\text{SY}_k, \text{SY}_{k+1}, \text{SY}_{k+2} \in \text{YC}_l$，则有$\text{HSY}_{jk} = \text{HSY}_{j(k+1)} = \text{HSY}_{j(k+2)} = \text{HY}_{jl}$。

定义 6.7　在线学习模式神经网络的输出层神经元定义为一个四元组$\langle \text{SY}_{\text{id}}, \text{ISY}_{\text{id}}, \text{OSY}_{\text{id}}, f \rangle$。$\text{SY}_{\text{id}}$($\text{SY}_{\text{id}} \in \text{SY}$)为该神经元的唯一标识；$\text{ISY}_{\text{id}}$ 为 SY_{id} 的输入；OSY_{id} 为 SY_{id} 的输出，该数值表示 SY_{id} 在一个路由服务中被选择的概率；f 为神经元激活函数。

在线学习模式神经网络的输入集合$\text{SA} = \left\{ \text{SA}_1, \cdots, \text{SA}_i, \cdots, \text{SA}_n \right\}$和离线学习模式神经网络的输入集合 A 之间的关系可以做如下描述。离线学习模式中，训练样例的输入为应用通常的通信需求(即对各特性的基本需求情况)，例如，若应用需求某特性 X_i，则该特性所对应的输入为 $A_i = 1$，否则，$A_i = 0$。在线学习模式中，X_i 所对应的输入为 SA_i，若 $A_i = 1$，则有$\text{SA}_i \geqslant 1$，表示用户对特性的独特需求一定不低于最基本的需求(即最低需求)；若 $A_i = 0$，则有$\text{SA}_i = A_i = 0$，表示该类型应用的通信本质上是不需求该特性支持的，因而用户也不对该特性有需求。对于离线学习模式的输入 A 和在线学习模式的输入 SA，若离线学习模式中的输出有$\text{OY}_l > \text{TH}$，则其对应的在线学习模式的输出有$\text{OSY}_k, \text{OSY}_{k+1}, \text{OSY}_{k+2} > \text{TH}$；若离线学习模式中的输出有$\text{OY}_l < \text{TL}$，则其对应的在线学习模式的输出有$\text{OSY}_k, \text{OSY}_{k+1}, \text{OSY}_{k+2} < \text{TL}$。

这表明在线学习模式神经网络由训练完成后的离线学习模式神经网络进行初始化赋值后，依据用户对各特性独特的需求及组合方式，可以保证必需的功能被选择而且不需要的功能不被选择。具体的验证过程如验证 6.1 所示。

验证 6.1

条件：

离线学习模式神经网络中的输入为 A，对于路由服务的某特性 X_i，若应用需求该特性，记作 A_i=1，否则记作 A_i=0。假设离线学习模式神经网络的各初始连接权值都设置为 0。结束训练后的离线学习模式神经网络输出通用化功能被选择的结果(组装的服务可以支持该类应用的基本通信)，若 Y_l 被选择，则 $\mathrm{OY}_l > \mathrm{TH}$，否则 $\mathrm{OY}_l < \mathrm{TL}$：

$$\mathrm{OY}_l = f(\mathrm{IY}_l) = f\left(\sum_{j=1}^{q}\left(\mathrm{HY}_{jl} \cdot \mathrm{OH}_j\right)\right) = f\left(\sum_{j=1}^{q}\left(\mathrm{HY}_{jl} \cdot f(\mathrm{IH}_j)\right)\right) = f\left(\sum_{j=1}^{q}\left(\mathrm{HY}_{jl} \cdot f\left(\sum_{i=1}^{n}\left(A_i \cdot \mathrm{XH}_{ij}\right)\right)\right)\right) \tag{6.20}$$

推导 1：

当 $\mathrm{OY}_l > \mathrm{TH}$ 时，由式(6.12)和式(6.17)可知，$\Delta\mathrm{HY}_{jl}, \Delta\mathrm{XH}_{ij} > 0$，则 $\mathrm{HY}_{jl}, \mathrm{XH}_{ij} > 0$。依据 f 函数的性质(式(6.4))，式(6.20)在该情形下为增函数(因为其导数大于 0)。

结论 1：

当应用需求某特性，即当 $\forall A_i : A_i = 1$ 时，用户对该特性的个性化需求 $\mathrm{SA}_i \geqslant A_i$，表示用户对该特性的需求等级一定高于等于应用本身对该特性的最基本需求等级，则依据推导 1，有 $\mathrm{OSY}_k > \mathrm{TH}$，其中，$\mathrm{OSY}_k$ 为 SY_k 的输出值，且 $\mathrm{SY}_k \in \mathrm{YC}_l$。

推导 2：

当 $\mathrm{OY}_l < \mathrm{TL}$ 时，由式(6.12)和式(6.17)可知，$\Delta\mathrm{HY}_{jl}, \Delta\mathrm{XH}_{ij} < 0$，则 $\mathrm{HY}_{jl}, \mathrm{XH}_{ij} < 0$。依据 f 函数性质(式(6.4))，式(6.20)在该情形下为减函数(因为其导数小于 0)。

结论 2：

当应用不需求某特性，即当 $\forall A_i : A_i = 0$ 时，用户对该特性的需求亦有 $\mathrm{SA}_i = A_i = 0$，表示应用本身不需要该特性，因此用户也无需它，则依据推导 2，有 $\mathrm{OSY}_k < \mathrm{TL}$，其中，$\mathrm{OSY}_k$ 为 SY_k 的输出值，且 $\mathrm{SY}_k \in \mathrm{YC}_l$。

在线学习模式神经网络主要是训练其隐层各神经元到输出层各神经元之间连接的权值，来优化针对不同的独特需求情形下专用化功能的选择及组合方式。在定制化的路由服务中，属于同一个分类有多个专用化网络功能，但最多只能有一个被选择，例如，一个路由服务只能执行一种特定的带宽分配算法。在线学习模式神经网络被初始化后，其初始状态能够保证输出层中属于同一分类的各专用化功能具有相同的输入，例如，对于刚初始化后的在线学习模式神经网络中的 $SY_k, SY_{k+1}, SY_{k+2} \in YC_l$，有 $ISY_{jk} = ISY_{j(k+1)} = ISY_{j(k+2)}$。在此基础上，由进一步在线学习过程，通过不断地训练 H 和 SY 之间的各连接权值，来优化专用化功能的选择及组合方式。

用户通常难以也无必要确知其所获路由服务各功能的构成细节(如每个具体专用化功能被选择的情况)，同时用户也往往难以对所获路由服务从专业性角度进行评估(如延迟、抖动和出错率等数据)，其只能从由服务所获得的主观感受(如可视电话类应用的画面清晰度、语音辨识度及画面与语音同步性等)对服务进行评价及反馈。然而，用户可以主动表达的某项主观感受(如上述画面的清晰度感受)通常无法单独地由某个功能独立支持，而是需要多个功能以协作的方式共同作用，尤其当用户对服务有多项独特的主观感受需求时，更需要从整体上合理地选择多个可搭配的功能，使这些功能进行组合协同来满足多项需求情形。从另一方面说，如果依据用户对某项具体的主观感受反馈情况对单个功能被选择的概率进行独立优化，其效果是不理想的，因为不仅可能会使下次被选择的多个功能因组合搭配不合理导致该主观感受还不如上次，还可能对用户其他的主观感受带来消极影响。因此，在线学习模式中考虑不针对用户单项的感受独立地对单个功能被选择的概率进行优化，而是对用户的各项主观感受进行综合考虑，并且由此获得用户对路由服务的整体满意度评估情况。以这种方式，从合成路由服务的多个专用化功能的组合及搭配角度，对多个专用化功能被选择及组合方式进行训练和优化。

假设用户对所获得路由服务的各项主观感受的满意度集合定义为 PSD，且 $PSD=\{PSD_1, PSD_2, \cdots, PSD_v\}$，则用户对服务的整体满意度 ASD 为

$$ASD = \sum_{PSD_i \in PSD} \omega_i \cdot PSD_i \tag{6.21}$$

其中，ω_i 表示用户对各项主观感受的重视程度(即权值)，可以由相对比较法获得，并且满足 $0 \leqslant \omega_i \leqslant 1$，$\sum_{i=1}^{v} \omega_i = 1$。由验证 6.1 可知，刚初始化后的在线学习模式神经网络输出的功能选择结果至少能够保证应用最基本的通信，定义用户对通用化服务的满意度为最低的满意度，记为 LSD。定义用户期望获得的服务满意度为 ESD。定义用户最高的服务满意度为 HSD(如满意度

为 1 的情况)。显然有 $\mathrm{LSD} \leqslant \mathrm{ESD} \leqslant \mathrm{HSD}$。在在线学习模式下以奖励的方式对 HSY 中各元素的值进行调整和优化，定义奖励量 CE 为

$$\mathrm{CE}=\begin{cases} \mathrm{e}^{-\frac{(\mathrm{HSD}-\mathrm{ASD})^2}{(\mathrm{ASD}-\mathrm{ESD})^2}}, & \mathrm{ESD}<\mathrm{ASD} \leqslant \mathrm{HSD} \\ \varepsilon, & \mathrm{ASD}=\mathrm{ESD} \\ 0, & \mathrm{LSD} \leqslant \mathrm{ASD}<\mathrm{ESD} \end{cases} \tag{6.22}$$

其中，$0<\varepsilon \ll 1$。当 $\mathrm{ESD}<\mathrm{ASD} \leqslant \mathrm{HSD}$ 时，用户对所获得的路由服务的实际满意度高于其期望值，越趋近最高满意度，奖励量越大；越趋近期望满意度，奖励量越小。当 $\mathrm{ASD}=\mathrm{ESD}$ 时，用户所获得的路由服务刚好满足其期望值，只给一个很小的奖励量。当 $\mathrm{LSD} \leqslant \mathrm{ASD}<\mathrm{ESD}$ 时，用户所获得的路由服务仅能满足其最基本的通信，不能达到用户的期望，则不给予奖励。

依据每次该独特需求下用户对所获服务的体验反馈，对 HSY 中各元素的值进行调整。对于 HSY_{jk} 的调整方式同理于式(6.8)，定义如下：

$$\mathrm{HSY}_{jk} \leftarrow \mathrm{HSY}_{jk}+\Delta \mathrm{HSY}_{jk} \tag{6.23}$$

在一个定制化的路由服务中，属于同一个分类的多个专用化功能最多只有一个可被选择。定义一个路由服务中被选择的专用化功能集合为 SSY，且 $\mathrm{SSY} \subset \mathrm{SY}$。当 $\mathrm{ESD} \leqslant \mathrm{ASD} \leqslant \mathrm{HSD}$ 时，$\Delta \mathrm{HSY}_{jk}$ 的计算过程如下所示：

$$\Delta \mathrm{HSY}_{jk}=\begin{cases} \beta \cdot \mathrm{CE} \cdot \mathrm{OH}_j, & \mathrm{SY}_k \in \mathrm{SSY} \\ 0, & \mathrm{SY}_k \notin \mathrm{SSY} \end{cases} \tag{6.24}$$

式(6.24)表明，当用户对所获得的路由服务的满意度大于等于其期望值时，对该服务中所被选择的专用化功能对应的权值进行奖励处理，其他没被选择的专用化功能对应的权值不变。

当 $\mathrm{LSD} \leqslant \mathrm{ASD}<\mathrm{ESD}$ 时，$\Delta \mathrm{HSY}_{jk}$ 的计算过程如下所示：

$$\Delta \mathrm{HSY}_{jk}=\begin{cases} 0, & \mathrm{SY}_k \in \mathrm{SSY}, \mathrm{SY}_k \in \mathrm{YC}_l \\ \beta \cdot \varepsilon \cdot \mathrm{OH}_j, & \mathrm{SY}_k \notin \mathrm{SSY}, \mathrm{SY}_k \in \mathrm{YC}_l \end{cases} \tag{6.25}$$

式(6.25)表明，当用户对所获得的路由服务的满意度小于其期望值时，不对此时被选择的专用化功能所对应的权值做奖励，而对那些与被选择专

用化功能属于同一分类但没被选择的专用化功能对应的权值做小的增量处理。以上述方式，持续地优化该独特需求下专用化功能的选择及组合方式，从而实现最优满足用户需求的路由服务定制化目标，不断地改善用户的服务体验。

6.4　实验设置和性能评估

6.4.1　实验设置

为实现本章提出的 RSCM 系统机制，控制器和转发设备分别选择 Floodlight 和 OpenFlowClick，同时选择四种典型的网络应用：文件下载、网页浏览、视频点播和可视电话。离线学习模式神经网络的训练样例选用 IntServ[13]模型来训练对各类型应用的通用化路由服务配置。本节主要面向对 QoS 特性的需求情况进行路由服务定制，具体设置情况如表 6.1 所示。

表 6.1　权值设置

应用分类	权值			
	带宽	延迟	抖动	丢失率
文件下载	0.52	0.08	0.08	0.34
网页浏览	0.26	0.35	0.04	0.35
视频点播	0.43	0.06	0.22	0.29
可视电话	0.16	0.35	0.35	0.14

实验使用 CERNET 和 INTERNET2 两种实际的网络拓扑，同时，为评价本章提出的 RSCM，选择 IntServ 模型和 OpenSCaaS 模型[74]，在轻载(所有链路带宽利用率均低于 30%)、重载(所有链路带宽利用率均高于 70%)和中载(轻载和重载之外的其他情况)下进行性能评估。

6.4.2　性能评估

1. 接入成功率

接入成功率(access success ratio, ASR)是指被成功接入的应用请求数量与全部的应用请求数量的比值，在两种网络拓扑和三种网络负载状态下比较 RSCM、IntServ 和 OpenSCaaS 三种模型对应用的接入成功率，结果如图 6.8 和图 6.9 所示。

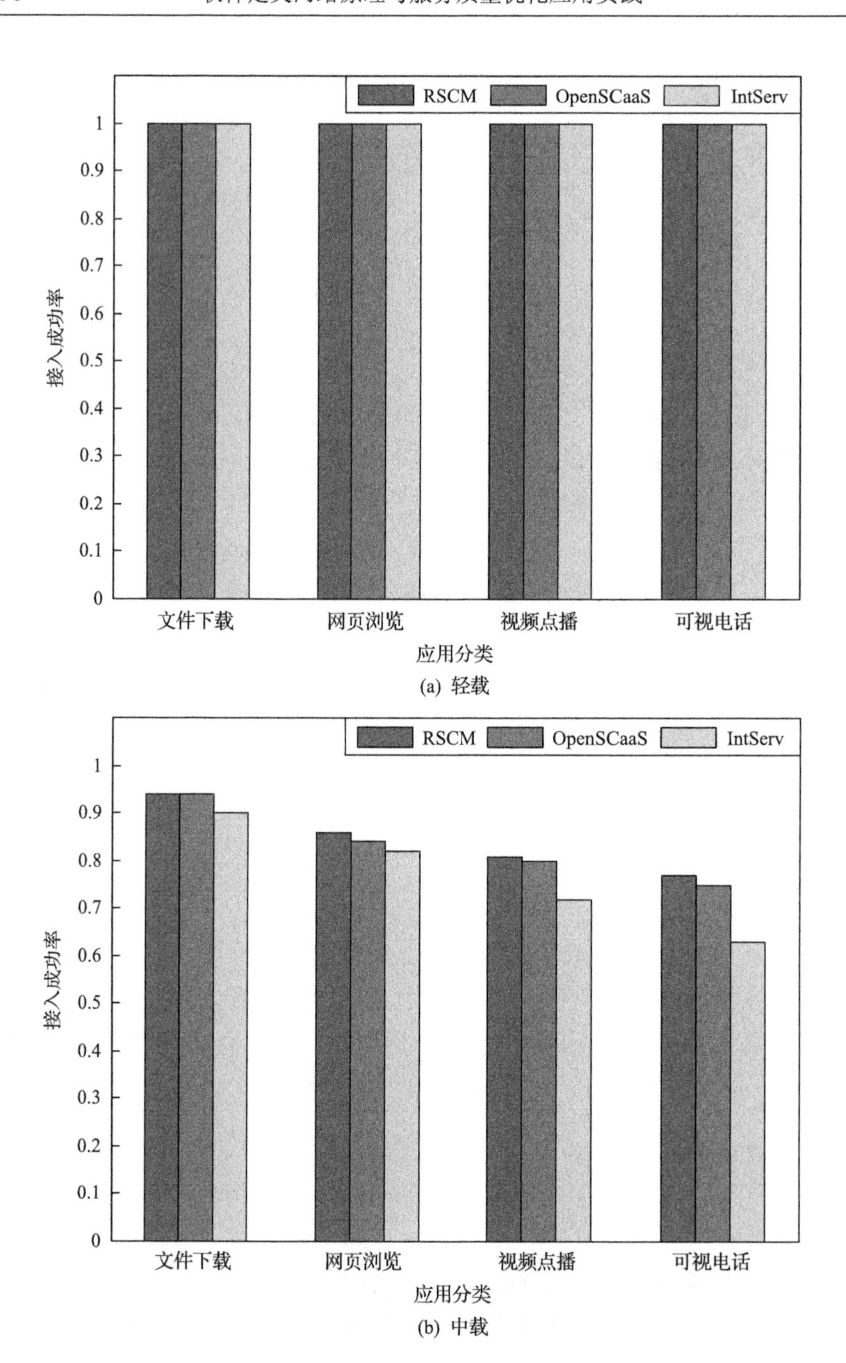
RSCM
OpenSCaaS
IntServ
接入成功率
1
0.9
0.8
0.7
0.6
0.5
0.4
0.3
0.2
0.1
0
文件下载
网页浏览
视频点播
可视电话
应用分类
(a) 轻载

RSCM
OpenSCaaS
IntServ
接入成功率
1
0.9
0.8
0.7
0.6
0.5
0.4
0.3
0.2
0.1
0
文件下载
网页浏览
视频点播
可视电话
应用分类
(b) 中载

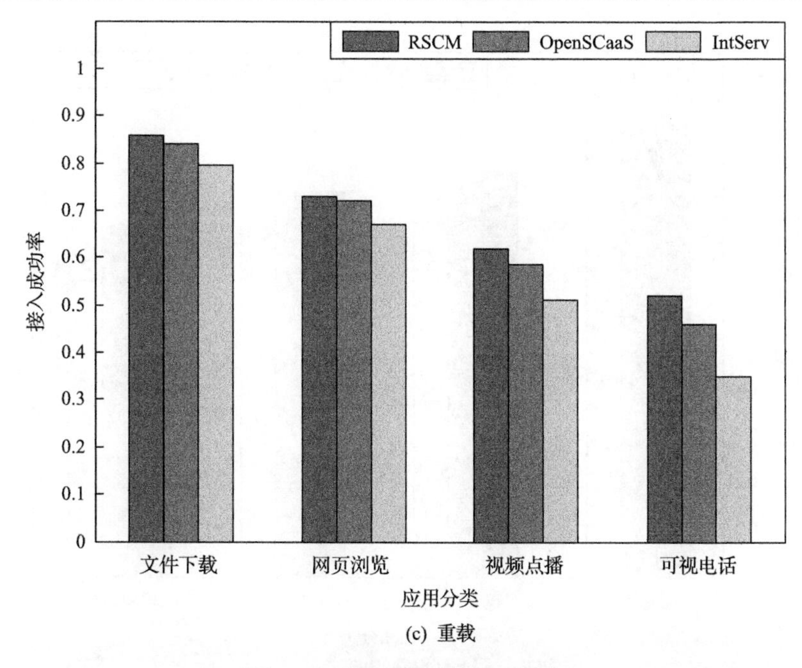

(c) 重载

图 6.8　CERNET 下接入成功率

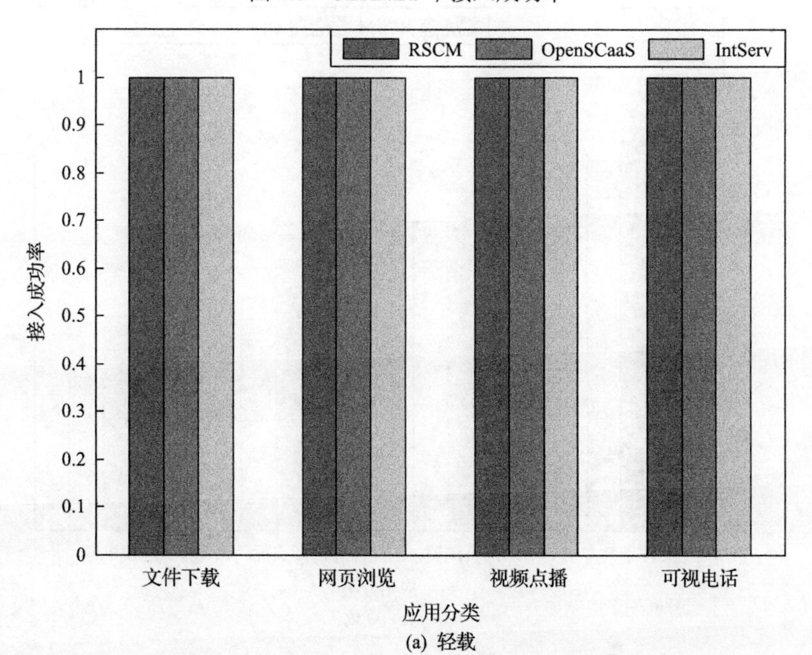

(a) 轻载

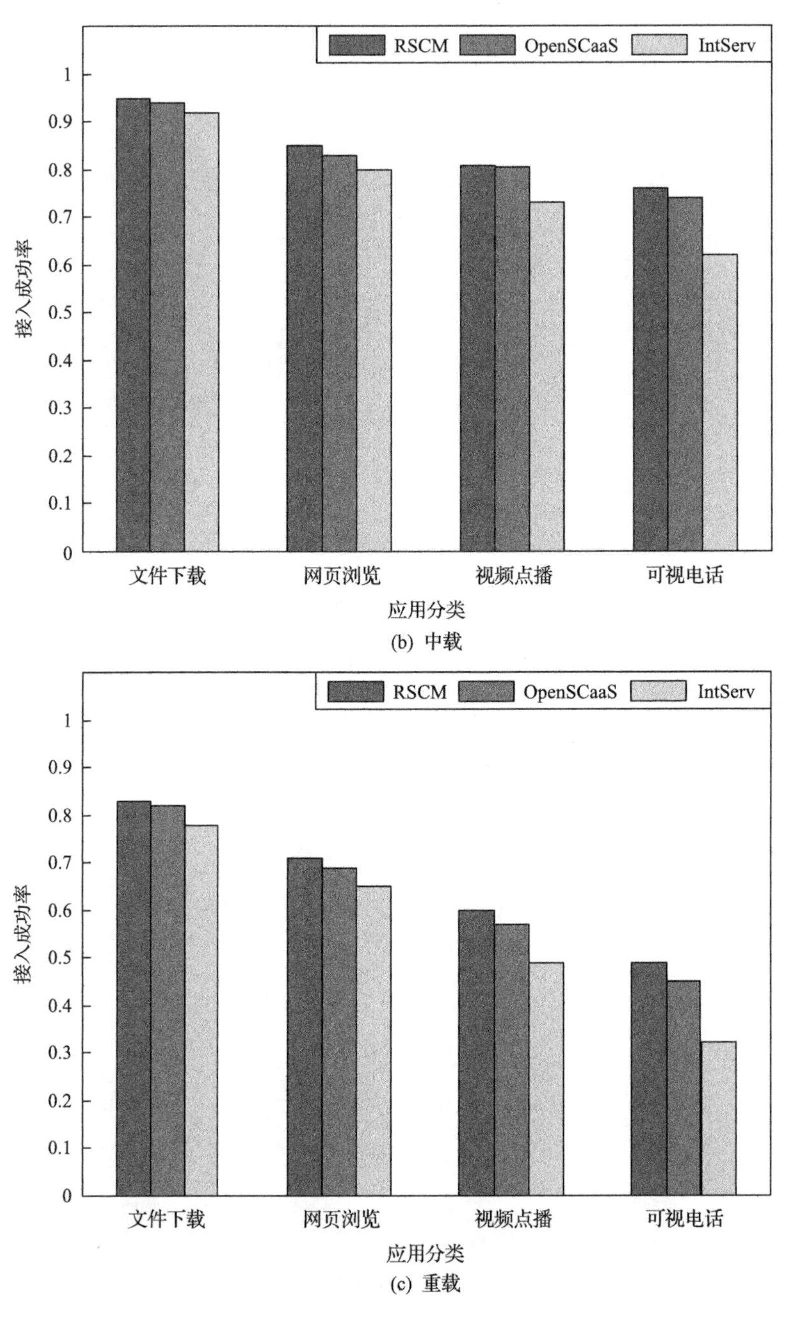

(b) 中载

(c) 重载

图 6.9　INTERNET2 下接入成功率

RSCM、IntServ 和 OpenSCaaS 都能提供端到端的保证型服务，只在能为应用分配其基本通信所需资源时才允许应用接入，因此，随着网络负载变大，三者的接入成功率都有所下降。RSCM 和 OpenSCaaS 在两种网络拓扑下的接入成功率下降程度明显低于 IntServ，尤其当网络负载达到重载之后，这是因为 RSCM 和 OpenSCaaS 都利用 SDN 的全局化网络视图和 NFV 灵活的功能及资源调用优点，当网络负载发生变化时，能从全局视图上更好地规划路由服务的路径和功能部署情况(如选择可以避开资源不足的通信路径的路由算法和拥塞避免算法)，从而降低了接入失败率。另外，RSCM 还具备依据接入失败的情形进行学习的能力并进行改进，可以提高重载下资源和功能分配的效用，进一步提高了接入成功率。

2. 用户满意度

在两种网络拓扑和三种网络负载状态下比较 RSCM、OpenSCaaS 和 IntServ 下用户对路由服务满足其独特通信需求的程度，主要针对路由服务的 QoS 特性进行评估，结果如图 6.10 和图 6.11 所示。

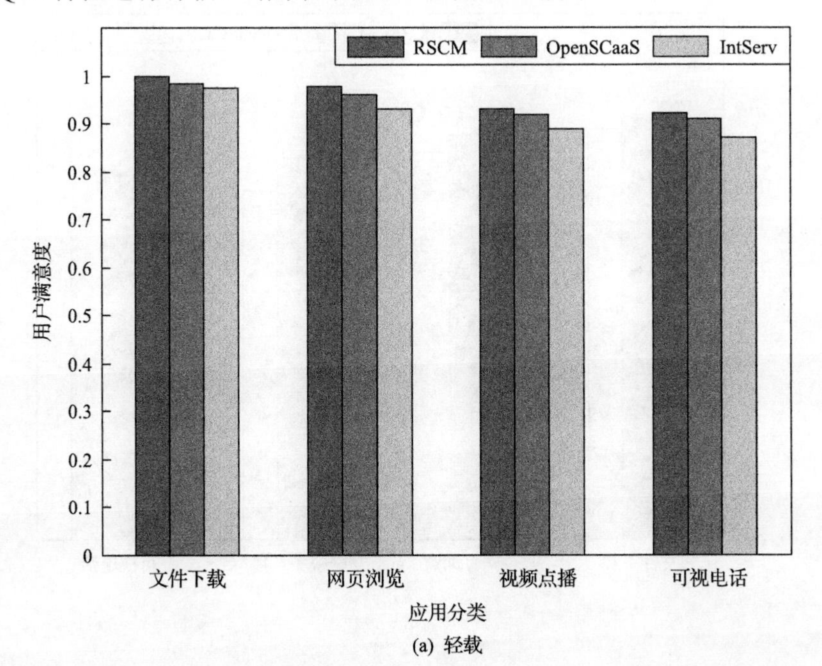

(a) 轻载

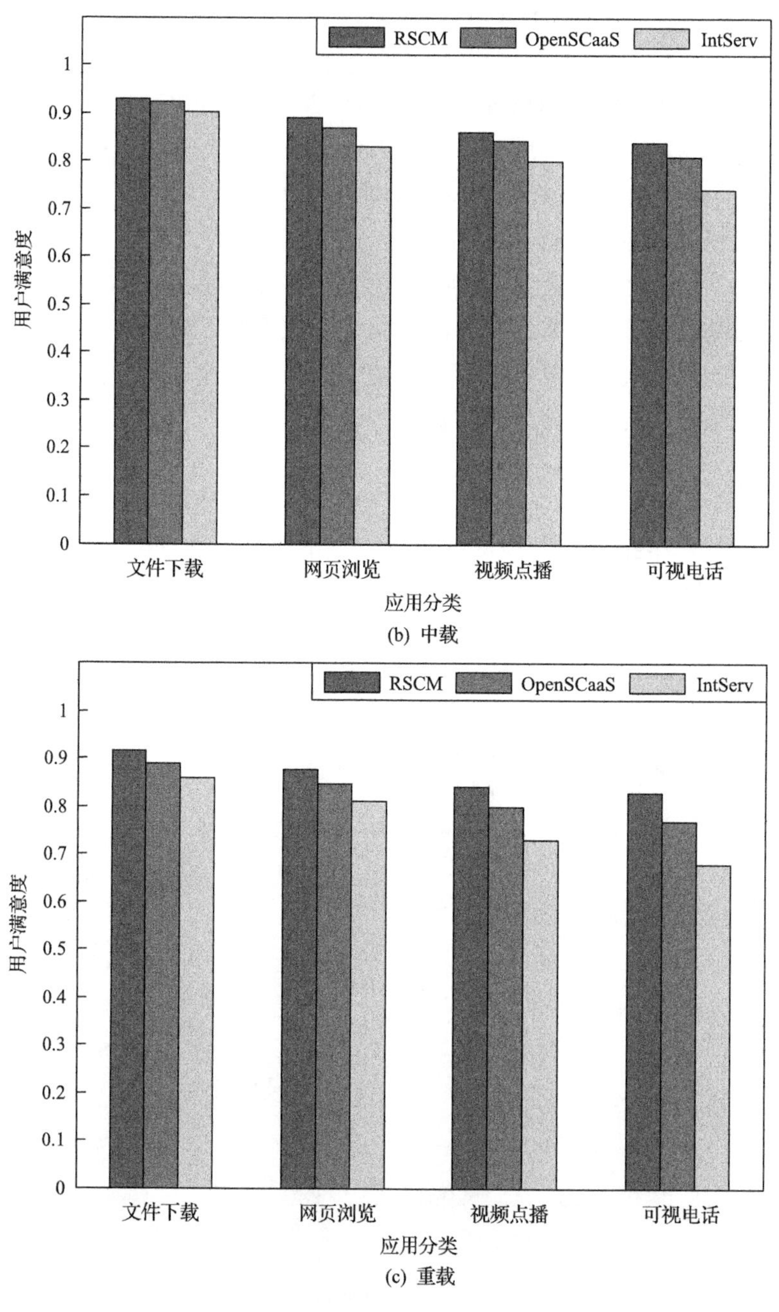

(b) 中载

(c) 重载

图 6.10　CERNET 下用户满意度

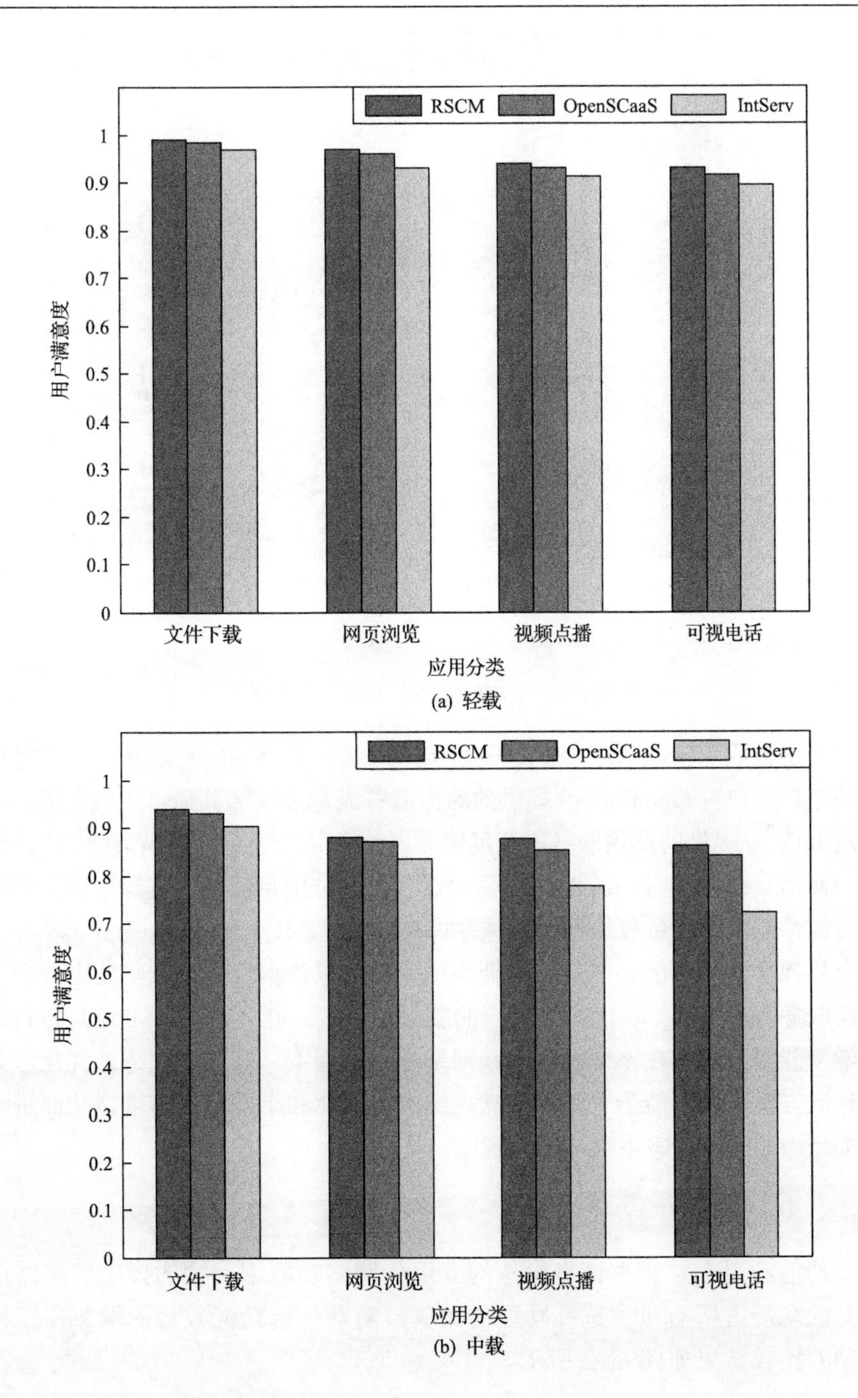
RSCM
OpenSCaaS
IntServ
用户满意度
0
0.1
0.2
0.3
0.4
0.5
0.6
0.7
0.8
0.9
1
文件下载
网页浏览
视频点播
可视电话
应用分类

(a) 轻载

(b) 中载

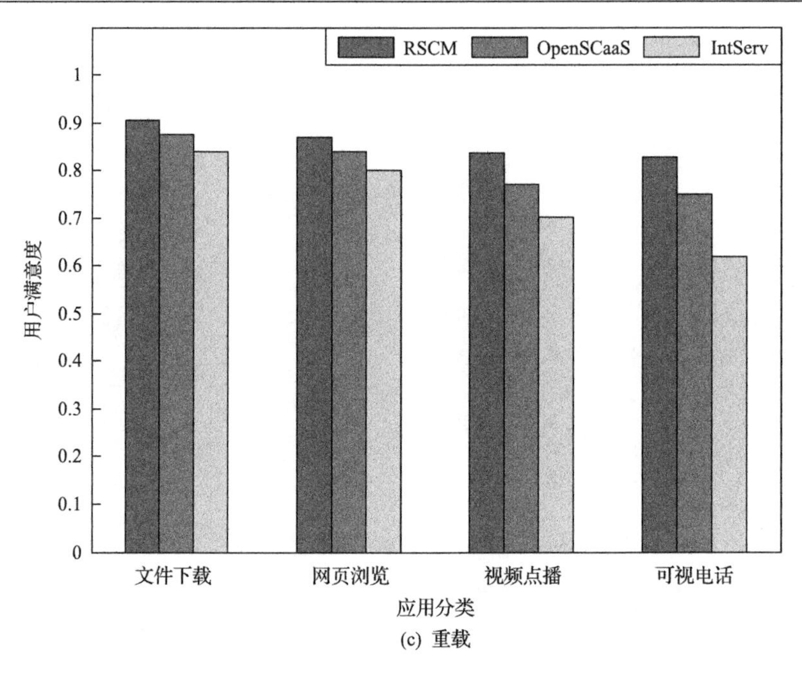

(c) 重载

图 6.11 INTERNET2 下用户满意度

对于被成功接入的应用，用户对 RSCM 提供的路由服务满意度较高且相对稳定，用户对 OpenSCaaS 提供的路由服务满意度紧随其后，相较之下，用户对 IntServ 提供的路由服务满意度随着网络负载的加重而明显下降。这是因为当网络负载较低时，IntServ 可以通过预留和分配足够多的资源来提高用户满意度，但是随着负载加重，这种方式难以为继。RSCM 和 OpenSCaaS 都因其全局视图和动态的功能及资源调用能力，可以依据用户需求实施更合适的路由服务合成方案，从而提高用户的服务满意度。此外，RSCM 还具备自适应学习能力，能够在不同的需求和网络状态情形下，持续地训练及优化服务的定制方案，尽可能最大限度地满足用户多样化和个性化的需求，从而进一步提高当前网络状态下用户的满意度。

3. 功能利用率

功能利用率是指在许多候选的专用化网络功能中，被选择来组装路由服务的功能占所有可被选择功能的比例，随着候选功能数量的增加，三种机制的比较结果如图 6.12 所示。

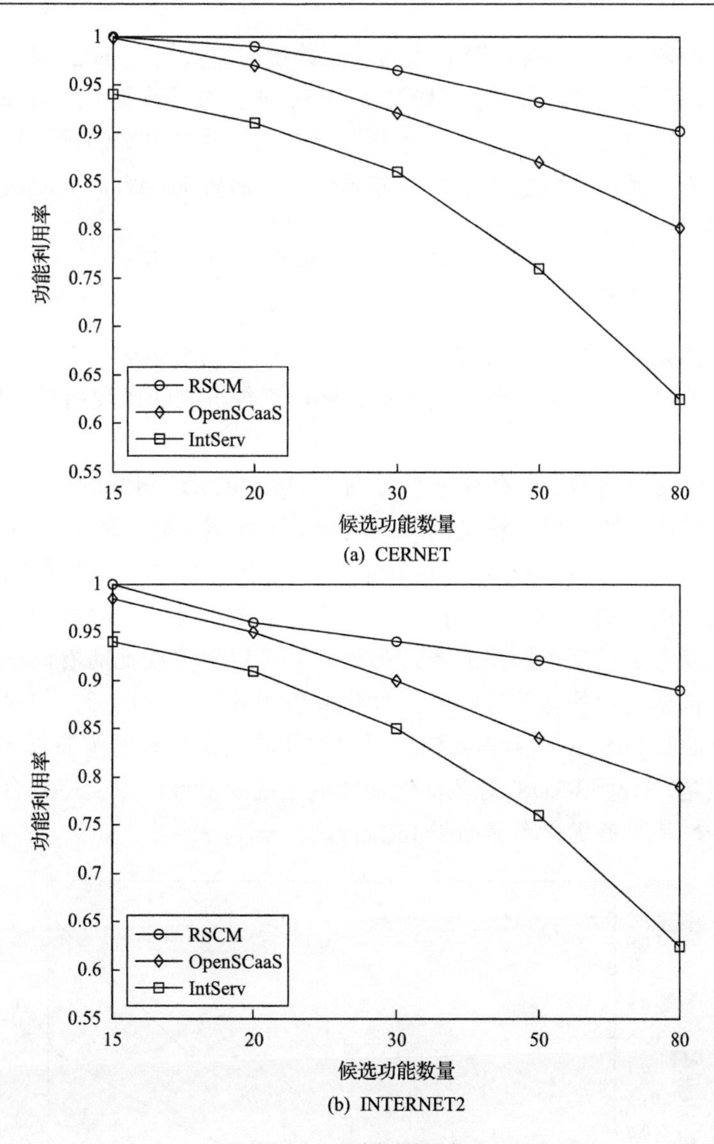

图 6.12　功能利用率

随着候选网络功能数量的增加，RSCM 的功能利用率明显高于 OpenSCaaS 和 IntServ，尤其当候选功能数量增加较多时。这是因为 IntServ 依据预置的标准来选择功能并合成服务，不具备随着候选功能数量增加尝试选择新功能来替换初始功能的能力，虽然候选功能数量增加，但其对功能的选择目标不会发生变化，因而导致总体的功能利用率较低。OpenSCaaS 由于相对灵活的功能调用能力，可以随着候选功能数量增加而便捷地进行功能选择，提高了新功能被选择的概率。相较之下，RSCM 会为了改善用户服务体验，自适应地尝试更多可行的功能选择及组合方式，并且以定制化为目标具备面向多种需求及网络状态情形合成差异化路由服务的能力，从而明显提高了功能利用率。

4. 服务优化率

服务优化率是指随着可被选择的候选功能数量增多时，面向相同的通信需求，被优化的服务占所有服务的比例，三种机制的比较结果如图 6.13 所示。

RSCM 对路由服务的优化率明显高于 OpenSCaaC 和 IntServ，尤其当候选功能数量增加较多时。这是因为候选功能数量增多时，RSCM 下可以选择合成的路由服务随之增多，而且 RSCM 在定制服务时有明确的优化目标，即最大优化用户的服务体验，因而可以更有目的性地选择合适的功能及组合方式来获得更优质的路由服务，另外，其可以更主动地随着候选功能数量增多而依据用户的体验反馈情况优化服务中各功能的选择。相较之下，OpenSCaaS 和 IntServ 都不具备依据用户的体验反馈有效地调整服务组成的能力，但是，OpenSCaaS 对多样化功能调用的灵活性可以支持其合成更优化的服务，其服务优化率又高于 IntServ。

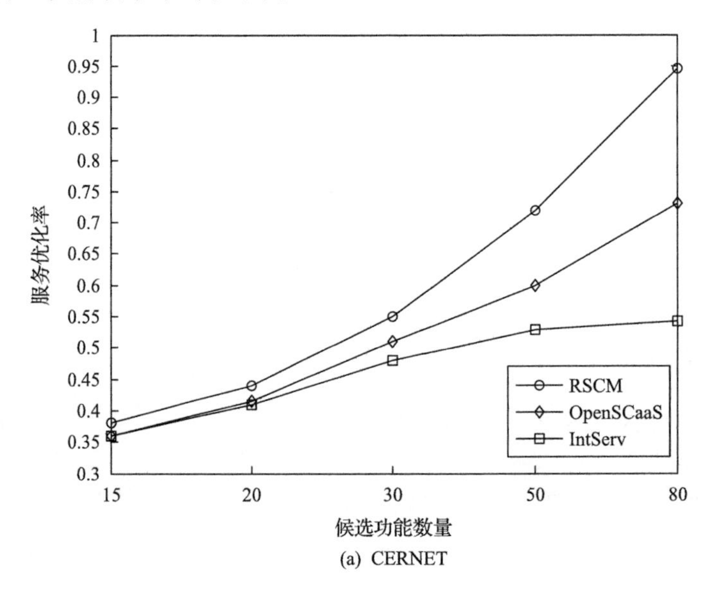

(a) CERNET

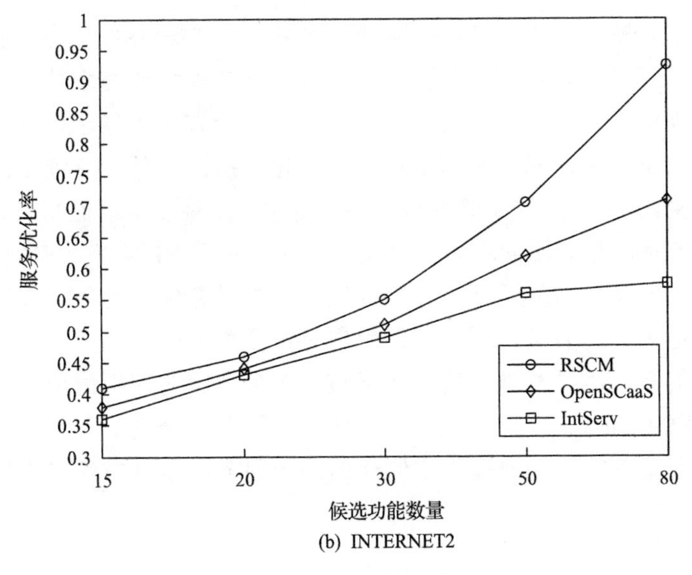

(b) INTERNET2

图 6.13　服务优化率

6.5　本 章 小 结

随着新型网络应用不断涌现，用户对各类型网络应用的通信需求越来越复杂化、多样化和个性化，如何为不同用户提供独特的定制化的路由服务，并且使路由服务的定制过程具备可依据用户的体验反馈情况进行持续性学习及优化的能力成为挑战。而且大量的对分组不同处理目的的网络功能被开发出来，往往同一类型的分组处理及转发功能就存在很多相关的协议及算法，如何对各功能进行特性划分及归并使功能选择变得准确且便捷也成为需要。另外，多项需求和多种功能之间的对应关系是一种非线性可分的映射关系，利用有效的非线性的学习及优化方法针对不同的需求及组合来训练多种合适的网络功能选择及组合方式也成为解决问题的关键。

本章提出了一种可持续学习及优化的自适应路由服务定制机制，实现针对用户多项独特的通信需求定制不同特性的路由服务，并且使该定制化过程具备以优化用户体验为目标不断学习的能力。利用 DSPL 属性分析方法，构建了多粒度的功能属性模型，作为路由服务学习由离线学习模式到在线学习模式的基础。引入机器学习思想，设计了路由服务的离线学习模式和在线学习模式，使用多层前馈神经网络分别依据 ISP 历史配置路由服务经验(即通用化路由服务配置信息)和大量用户独特的需求情形及对服务的体验反馈信息，进行由通用化功能选择及组合方式到专用化功能选择及组合方式的学习和训练，不断地优化定制化的路由服务，持续地改善用户的服务体验。最后，设置实验并进行性能评估，以验证本章机制的有效性。应该指出的是，与专用的网络物理设备相比，基于 SDN 和 NFV 范型，以多种实例化的路由功能运行于标准的通用网络设备中，性能与专用设备相比存在一定差距，但是，面向大量用户对不同类型应用的独特多变且差异多样的通信需求，以及越来越关注于整体服务体验的应用情境，需要对多种多样的路由功能进行灵活及统一的选择部署及组合搭配，从而在不同的通信路径上动态且快速地提供定制化的路由服务，本章方法显现出很好的适用性。

第7章　市场驱动的自适应路由服务定制及供给

7.1　引　　言

在当前商业化网络运营模式下，路由服务定制及供给过程中网络运营商、ISP和用户之间复杂的利益及需求关系成为关注的重点，例如，网络运营商和多个ISP之间的网络资源租用关系、多个ISP之间定制和提供服务时的竞争和合作关系、ISP和用户之间的利益均衡关系等。网络运营商拥有并控制着大规模的网络基础设施，为数量巨大的网络活动参与者提供广泛的网络接入服务，面向用户对各专业化应用领域愈加复杂多变的通信需求，网络运营商势必难以从技术层面和经济层面兼顾每个用户的特点。网络运营商把其底层网络资源租用给多个ISP，由各ISP依据自身的技术特性(如针对不同应用领域的技术能力)和市场定位(如针对不同用户群体的服务标准)为用户定制和提供多种多样的路由服务。

然而，多个ISP之间亦存在复杂的关系。依据各自所租用的网络资源，各ISP定制和提供差异化的路由服务，甚至面向同一领域的网络应用，不同的ISP可为用户提供的服务也不同，这是由各ISP的技术特性和市场定位决定的，例如，有些ISP提供高质量高价格的服务，而另一些ISP提供高性价比的服务等，再如，有些ISP在视频直播类应用领域有独特的技术支持，而另一些ISP专注于开发支持视频会议类应用的服务等。因此，多个ISP之间存在着竞争关系。然而，面向短时间内同时到来大量应用请求的状况，单独的ISP却难以独立承担所有应用的请求任务，例如，租用资源不足以供给所有任务、技术储备不足以满足所有独特需求、服务时延不足以满足响应约束等，这就要求多个ISP以合作的方式来定制和提供各具特色的路由服务，共同满足所有用户的通信需求。由此，有效利用多个ISP为用户定制和提供各自独特路由服务时的竞争和合作关系，不仅可以提高底层网络资源利用率，而且可以使用户有更多的路由服务选择机会。

基于软件定义思想，面向网络运营商、ISP和用户之间的利益关系，本章考虑市场驱动因素，提出基于计算经济模型的自适应路由服务定制及供给(adaptive routing service customization and provision, ARSC)机制。首先对ARSC系统机制进行建模，并详细描述系统机制中各模块的工作流程和交互信息。考虑了用户对路由服务的质量满意度、对ISP的选择度和对服务价格的可接受度，设计了用户效用评估模型，作为系统为用户匹配最佳满足其需求服务的标准，并作为各ISP依据自身特性为用户提供服务的参照。为优化ISP的经济利润，利用固定价格和浮动价格，设计了各ISP的服务定价策略。另外，为应对大量应用请求同时到来的情形，设计了高效的匹配算法，对多应用请求和多候选服务之间进行匹配操作，并引入了帕累托效率提高匹配算法效率，同时达到使ISP和用户利益均衡的目的。

7.2　ARSC系统机制建模

7.2.1　系统框架

基于软件定义思想，利用SDN和NFV，对ARSC系统机制进行建模，系统框架具体如图7.1所示。

在该系统框架中，网络基础设施(如交换机等)的所有者和控制者均为网络运营商(如中国移动、美国Verizon等)，这些基础网络设施只允许被网络运营的中央控制器直接管理和控制。中央控制器(CC)可以把其底层的网络资源租用给多个ISP，如虚拟网络运营商，他们不具备基础网络设施的所有权，只能利用其租用的网络资源支持和提供其定制化的服务。同时，中央控制器为不同的ISP提供基于该ISP所租用网络资源生成的虚拟网络视图，使该ISP可以依据该视图(即其所租用资源的实时可用情况)确定是否或者提供何种定制化的候选服务。中央控制器会综合考虑用户效用和ISP利润等因素，动态地调用相应的功能模块和网络资源提供定制化的路由服务。

控制平面由中央控制器和多个ISP控制器(ISP controller, IC)组成，其中，各ISP控制器的内部结构如图7.1中ISP_1控制器内部结构所示。ISP控制器作为每个ISP的服务合成中心，依据中央控制器为其提供的虚拟网络视图和自身的服务定制策略为用户提供可供选择的候选服务，用户拥有更多的候选项来满足其个性化的服务偏好。而且，各ISP根据其自身的技术特性和市场定位定制多种多样的候选服务供不同的用户进行选择，这使中央控制器从繁重且过度细粒度化的独特路由服务定制任务中解脱出来，只需关注网络总体

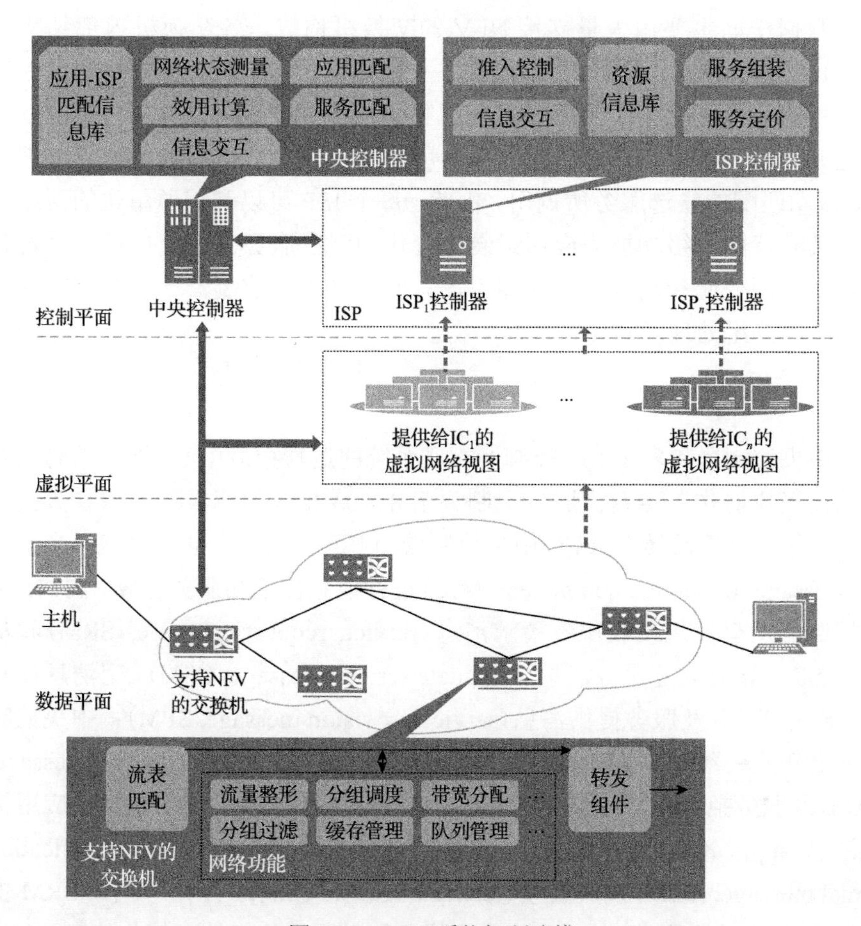

图 7.1　ARSC 系统机制建模

的管理、维护及最终的路由服务决策即可，并且，多 ISP 可以促进优化底层网络资源的利用率。作为路由服务供给的决策中心，中央控制器对应用请求和来自不同 ISP 的候选路由服务进行匹配操作，并依据成功的匹配结果下发流表项到相应的交换机中，进行资源调用和功能组装来提供路由服务。

虚拟平面由中央控制器构建，用来对底层网络资源进行虚拟化形成统一的网络视图。每个 ISP 控制器由中央控制器发布其所租用资源的虚拟网络视图，用于支持各 ISP 所租用节点的独立性和在每个节点中其所租用网络资源(如带宽资源、计算资源、存储资源等)的独立性。通过虚拟平面，中央控制器可以对全局网络资源进行统一的监视、控制和管理。

数据平面主要由大量支持 NFV 的交换机构成，各交换机内部结构如图 7.1 所示，支持以可编程的方式被中央控制器写入专用化的网络功能来实现独特的分组处理操作。各 ISP 可以依据自身的技术特性开发独特的网络功能并通过中央控制器写入到其所租用的交换机中，且该功能只允许被该 ISP 成功匹配的候选服务所调用。由此，每个 ISP 可以利用通用化的网络功能和其独特的网络功能为应用组装定制化的路由服务。各交换机不具备自主决定资源分配和功能调用的能力，只能依据中央控制器下发的流表项进行相应的分组处理及转发操作。

7.2.2 工作流程

中央控制器和多个 ISP 控制器构成系统的逻辑控制中心，通过信息交互和功能模块协作制定路由服务定制策略并生成相应的流表项来指导数据平面对分组的处理及转发操作。中央控制器和 ISP 控制器之间通过信息交互模块(message interaction component, MIC)进行消息传递和服务计算。例如，中央控制器从交换机接收服务请求消息(service request message, SRM)和从 ISP 控制器接收候选服务消息(candidate service message, CSM)、空消息(null message, NLM)及服务提供消息(service provision message, SPM)；中央控制器向 ISP 控制器转发 SRM 和发送服务允许消息(service allowance message, SAM)及服务拒绝消息(service denial message, SDM)，向交换机发送应用接受消息(application acceptance message, AAM)、应用拒绝消息(application denial message, ADM)及流表项(forwarding table entry, FTE)。其中，SRM 携带对 QoS 的需求信息、对 ISP 的偏好信息和对服务价格的可接收信息；CSM 携带该 ISP 所能定制候选服务的 QoS 信息、定价信息及所需资源与功能信息；NLM 携带空信息，表示该 ISP 无法为该请求提供服务；SAM 或 SDM 分别为允许或拒绝 ISP 提供服务；AAM 或 ADM 分别为接受或拒绝应用请求；FTE 由中央控制器生成并发送给相应的交换机进行服务匹配和组装。

中央控制器根据收到的消息所携带的信息进行相应的操作。当收到 SRM 时，中央控制器把 SRM 转发给每个 ISP 控制器并等待回复，若 ISP 能够为该应用提供定制化的路由服务，则发送 CSM 给中央控制器，否则发送 NLM。当多个 ISP 控制器都回复了 CSM，中央控制器执行效用计算模块(utility computing component, UCC)对各 ISP 所提供的候选服务进行效用评估，然后依据效用评估结果执行应用匹配模块(application matching component, AMC）进行匹配操作选择最适合的服务，最后依据匹配结果向各ISP控制器发送SAM和SDM，同时向相应的交换机发送AAM和FTE；当只有一个ISP控制器回复了CSM，中央控制器直接向该ISP控制器发送SAM，同时发送AAM和FTE给相应的交换机；当所有的ISP控制器都回复了NLM，表明各ISP此时都无法为该应用提供定制化的路由服务，则中央控制器向相应的交换机发送ADM。

中央控制器还维护着应用-ISP匹配信息库（application-ISP matching information base, AIMIB），用来记录已经匹配成功过的应用和ISP，AIMIB作为一种信誉记录系统，可以获取某ISP为某类型应用定制服务的成功率（面向某类型网络应用的市场占有率），从而作为用户选择该ISP为某类应用提供服务的可能性。由上所述，中央控制器的工作流程可以由算法7.1来描述。

算法 7.1　中央控制器的工作流程

```
输入: SRM /* 交换机发出的消息 */
输出: AAM 或 ADM, FTE /* 返回给交换机的消息 */
1.  begin
2.      if 接收到 SRM do
3.          发送 SRM 到各 ISP;
4.          if 多个 ISP 返回 CSM then
5.              执行 UCC 获得用户效用;
6.              执行 AMC 获得被匹配的服务;
7.                  for 每个相关 ISP do
8.                      if 候选服务已被匹配 then
9.                          发送 SAM 到 ISP;
10.                     else 发送 SDM 到 ISP;
11.                     end if
12.                 end for
13.             更新 AIMIB;
14.             return AAM 和 FTE;
15.         else if 只有一个 ISP 返回 CSM then
16.             发送 SAM 到该 ISP;
17.             更新 AIMIB;
18.             return AAM 和 FTE;
```

```
19.            else  /* 所有 ISP 返回 NLM */
20.                 return ADM;
21.            end if
22.      end if
23. end
```

ISP 控制器负责提供候选的定制化路由服务，并且依据中央控制器提供的虚拟网络视图周期性地更新其内部的资源信息库(resource information base, RIB)。当 ISP 控制器接收到 SRM 时，执行准入控制模块(admission control component, ACC)来判断其当前可用的租用资源是否足以为该请求提供服务，如果可以，则由服务组装模块(service composition component, SCC)生成候选路由服务定制策略，由服务定价模块(service pricing component, SPC)确定服务价格及计算利润，发送 CSM 给中央控制器；否则(即资源不足)发送 NLM 给中央控制器，然后等待中央控制器回复，若 ISP 控制器收到的回复消息为 SAM，则准备好其匹配成功的服务并发送 SPM 给中央控制器；否则(即 ISP 控制器收到的回复消息为 SDM)取消其候选服务。由上所述，ISP 控制器的工作流程可以由算法 7.2 来描述。

算法 7.2　ISP 控制器的工作流程

```
输入: SRM /* CC 发出的消息 */
输出: CSM 或 NLM, SPM /* CC 接收到的消息 */
1.  begin
2.      if 接收到 SRM then
3.           依据 RIB 执行 ACC;
4.           if 可用资源充足 then
5.                执行 SCC 获得候选服务计划;
6.                执行 SPC 获得服务价格和利润;
7.                发送 CSM 到 CC;
8.                if  CC 返回 SAM then
9.                     准备候选服务;
10.                    发送 SPM 到 CC;
11.               else /* CC 返回 SDM */
12.                    取消候选服务;
```

```
13.                 end if
14.            else /*  可用资源不足  */
15.                 发送 NLM 到 CC;
16.            end if
17.       end if
18. end
```

交换机依据由中央控制器下发的流表规则对应用的分组进行相应的处理和转发操作。当交换机接收到应用的请求时，首先查找流表进行流表项匹配，若匹配成功，则直接接受该应用并提供匹配成功的路由服务；否则(即流表项匹配不成功)把该请求发送给中央控制器，并等待中央控制器回复。若收到中央控制器回复的 AAM 和 FTE，则接受该应用并依据收到的 FTE 调用相应的网络资源和功能为应用提供路由服务；否则(即收到 ADM)拒绝该应用请求。

在本章的 ARSC 系统机制中，完整的路由服务定制及供给流程如图 7.2

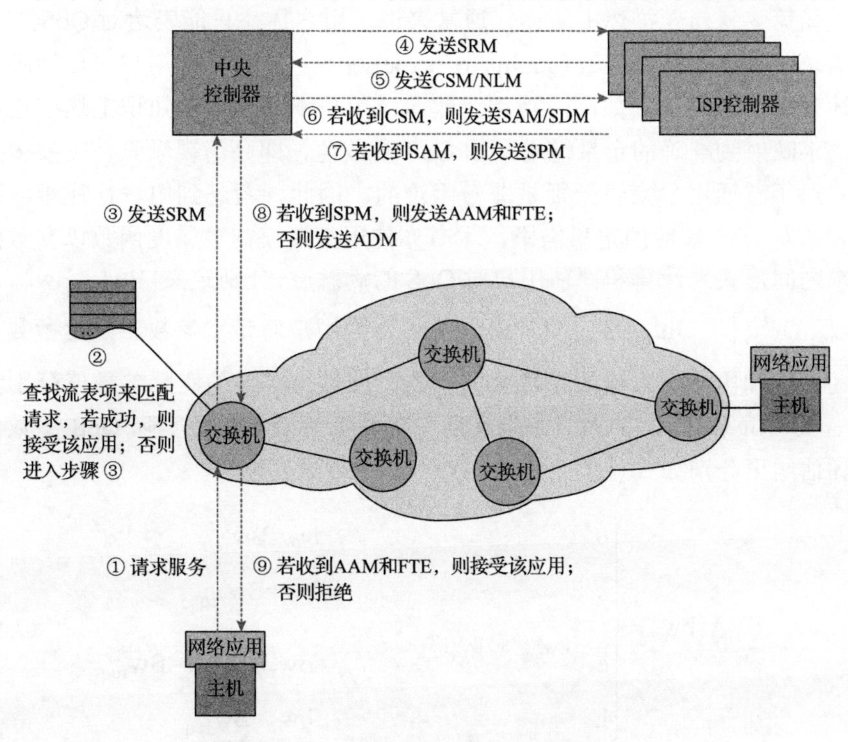

图 7.2　路由服务定制及供给流程

所示。由于 ARSC 系统机制利用 SDN 和 NFV，其通信过程支持现有的 IP 网络协议，如 TCP、UDP、TLS(安全传输层协议)和 DTLS(数据报安全传输协议)等。中央控制器和 ISP 控制器之间通过其东西向接口进行 SRM、CSM、SAM 和 SPM 等消息交互。中央控制器通过其南向接口以 packet_in 和 packet_out 操作与交换机进行 SRM、AAM 和 ADM 等消息交互。

7.3 系统模块设计

7.3.1 用户效用

当系统收到网络应用的通信请求时，存在多个 ISP 为该请求提供多个候选的定制化路由服务，如何从大量候选服务中选择使用户满意度最大的服务成为关键问题。在本节中，设计了用户效用评估模型，主要考虑以下三个指标：用户对 QoS 的满意度、用户对 ISP 的选择度和用户对服务价格的接受度。

如第 5 章问题描述中所述，通常来说，用户往往只能表达对 QoS 的主观需求，关注于体验质量(quality of experience, QoE)，即用户可以清晰地表述其定性的需求，如高清视频。然而，用户不具备专业知识把这些定性的需求映射到准确的定量需求，如 QoS 参数值，即高清视频具体需要多少带宽对于普通用户来说无疑是非常困难的。因此，考虑到用户往往难以准确表达对 QoS 参数的定量需求，本节亦使用高斯模糊隶属度函数以参数的需求区间形式来计算和评估用户对 QoS 的满意度。分别定义$\left[\mathrm{Bw}_{\mathrm{req}}^{l},\mathrm{Bw}_{\mathrm{req}}^{h}\right]$、$\left[\mathrm{De}_{\mathrm{req}}^{l},\mathrm{De}_{\mathrm{req}}^{h}\right]$、$\left[\mathrm{Jit}_{\mathrm{req}}^{l},\mathrm{Jit}_{\mathrm{req}}^{h}\right]$和$\left[\mathrm{Err}_{\mathrm{req}}^{l},\mathrm{Err}_{\mathrm{req}}^{h}\right]$为用户对带宽参数、延迟参数、抖动参数和出错率参数的需求区间，路由服务可提供的实际参数值分别为 bw、de、jit 和 err，则本节中定义用户对服务所能提供的实际 QoS 参数值的评估结果分别如式(7.1)～式(7.4)所示：

$$\mathrm{EVA}(\mathrm{bw})=\begin{cases}0, & \mathrm{bw}<\mathrm{Bw}_{\mathrm{req}}^{l}\\ \varepsilon, & \mathrm{bw}=\mathrm{Bw}_{\mathrm{req}}^{l}\\ \mathrm{e}^{-\left(\mathrm{Bw}_{\mathrm{req}}^{h}-\mathrm{bw}\right)^{2}/\left(\mathrm{bw}-\mathrm{Bw}_{\mathrm{req}}^{l}\right)^{2}}, & \mathrm{Bw}_{\mathrm{req}}^{l}<\mathrm{bw}<\mathrm{Bw}_{\mathrm{req}}^{h}\\ 1, & \mathrm{bw}\geqslant \mathrm{Bw}_{\mathrm{req}}^{h}\end{cases} \tag{7.1}$$

$$
\mathrm{EVA}(\mathrm{de})=\begin{cases}1, & \mathrm{de} \leqslant \mathrm{De}_{\mathrm{req}}^{l} \\ 1-\mathrm{e}^{-\left(\mathrm{De}_{\mathrm{req}}^{h}-\mathrm{de}\right)^{2}/\left(\mathrm{de}-\mathrm{De}_{\mathrm{req}}^{l}\right)^{2}}, & \mathrm{De}_{\mathrm{req}}^{l}<\mathrm{de}<\mathrm{De}_{\mathrm{req}}^{h} \\ \varepsilon, & \mathrm{de}=\mathrm{De}_{\mathrm{req}}^{h} \\ 0, & \mathrm{de}>\mathrm{De}_{\mathrm{req}}^{h}\end{cases} \tag{7.2}
$$

$$
\mathrm{EVA}(\mathrm{jit})=\begin{cases}1, & \mathrm{jit} \leqslant \mathrm{Jit}_{\mathrm{req}}^{l} \\ 1-\mathrm{e}^{-\left(\mathrm{Jit}_{\mathrm{req}}^{h}-\mathrm{jit}\right)^{2}/\left(\mathrm{jit}-\mathrm{Jit}_{\mathrm{req}}^{l}\right)^{2}}, & \mathrm{Jit}_{\mathrm{req}}^{l}<\mathrm{jit}<\mathrm{Jit}_{\mathrm{req}}^{h} \\ \varepsilon, & \mathrm{jit}=\mathrm{Jit}_{\mathrm{req}}^{h} \\ 0, & \mathrm{jit}>\mathrm{Jit}_{\mathrm{req}}^{h}\end{cases} \tag{7.3}
$$

$$
\mathrm{EVA}(\mathrm{err})=\begin{cases}1, & \mathrm{err} \leqslant \mathrm{Err}_{\mathrm{req}}^{l} \\ 1-\mathrm{e}^{-\left(\mathrm{Err}_{\mathrm{req}}^{h}-\mathrm{err}\right)^{2}/\left(\mathrm{err}-\mathrm{Err}_{\mathrm{req}}^{l}\right)^{2}}, & \mathrm{Err}_{\mathrm{req}}^{l}<\mathrm{err}<\mathrm{Err}_{\mathrm{req}}^{h} \\ \varepsilon, & \mathrm{err}=\mathrm{Err}_{\mathrm{req}}^{h} \\ 0, & \mathrm{err}>\mathrm{Err}_{\mathrm{req}}^{h}\end{cases} \tag{7.4}
$$

其中，$0<\varepsilon \ll 1$，EVA(bw)、EVA(de)、EVA(jit)和 EVA(err)分别为对实际服务所提供的带宽、延迟、抖动和出错率的评估值。显然，当服务实际提供的带宽越高，提供的延迟、抖动和出错率越低，用户对相应参数的评估结果越好。图 7.3(a)和图 7.3(b)分别举例说明了随着实际带宽和延迟的

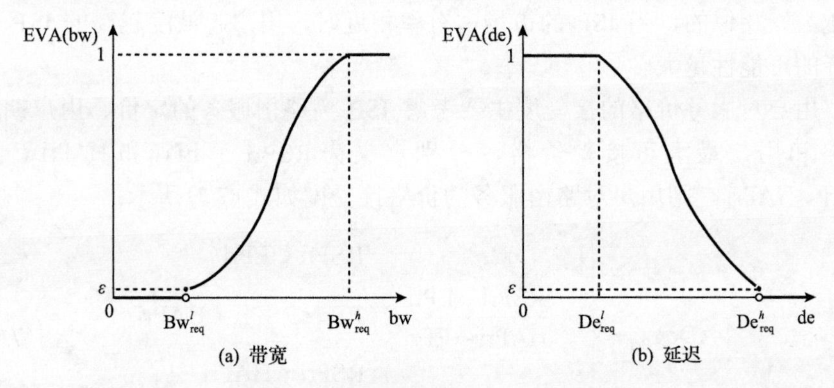

图 7.3　用户对带宽和延迟的评估曲线

变化用户的评估曲线变化情况，相应的抖动和出错率评估曲线与图 7.3(b)相似。当用户实际获得的带宽接近其需求区间的下限，延迟、抖动和出错率接近各自需求区间的上限时，用户对它们的评估值趋近一个很小的值ε。一旦服务实际提供的各 QoS 参数值无法达到用户的最低需求时，用户相应的评估值达到最低值 0。

由上所述，定义用户对服务所提供 QoS 的满意度如下所示：

$$\begin{aligned}\mathrm{SaDeg_{QoS}} = {} & \omega_{\mathrm{bw}}\cdot\mathrm{EVA(bw)}+\omega_{\mathrm{de}}\cdot\mathrm{EVA(de)}\\ & +\omega_{\mathrm{jit}}\cdot\mathrm{EVA(jit)}+\omega_{\mathrm{err}}\cdot\mathrm{EVA(err)}\end{aligned} \tag{7.5}$$

其中，ω_{bw}、ω_{de}、ω_{jit}和ω_{err}分别为带宽、延迟、抖动和出错率的权值，即四个参数分别对用户 QoS 满意度的重要程度，且$0\leqslant\omega_{\mathrm{bw}},\omega_{\mathrm{de}},\omega_{\mathrm{jit}},\omega_{\mathrm{err}}\leqslant 1$，$\omega_{\mathrm{bw}}+\omega_{\mathrm{de}}+\omega_{\mathrm{jit}}+\omega_{\mathrm{err}}=1$。

用户对各 ISP 的选择度主要依赖用户对 ISP 的忠诚度和 ISP 自身的市场占有率[131]，分别定义为ULo和ISPMS，且$0\leqslant\mathrm{ULo}\leqslant 1$，$0\leqslant\mathrm{ISPMS}\leqslant 1$。$\mathrm{ULo}$的值越高，表明用户对某 ISP 的忠诚度越高，定义用户对 ISP 的选择度如式(7.6)所示：

$$\mathrm{SeDeg_{ISP}}=\mathrm{ISPMS}+(1-\mathrm{ISPMS})\cdot\mathrm{ULo} \tag{7.6}$$

式(7.6)表明，ULo 或 ISPMS 越接近 1，用户对该 ISP 的选择度越趋近 1，并且当 ULo 或 ISPMS 为 1 时，用户对该 ISP 的选择度达到最大值 1。当用户对不同的 ISP 忠诚度相近时，ISP 的市场占有率越高，其被选择的可能性越大。相似的，当 ISP 的市场占有率相近时，用户忠诚度越高的 ISP 被选择的可能性越大。

用户对服务价格的接受度主要考虑 ISP 为路由服务的定价、用户期望价格和用户最大可接受价格，分别定义为RSPri、EPri和HAPri，且$\mathrm{EPri}<\mathrm{HAPri}$。则用户对路由服务的价格接受度如式(7.7)所示：

$$\mathrm{ADeg_{Pri}}=\begin{cases}1, & \mathrm{RSPri}\leqslant\mathrm{EPri}\\ 1-\dfrac{\mathrm{RSPri}-\mathrm{EPri}}{\mathrm{HAPri}-\mathrm{EPri}}, & \mathrm{EPri}<\mathrm{RSPri}<\mathrm{HAPri}\\ \varepsilon, & \mathrm{RSPri}=\mathrm{HAPri}\\ 0, & \mathrm{RSPri}>\mathrm{HAPri}\end{cases} \tag{7.7}$$

当RSPri高于HAPri时，用户对服务的价格接受度显然为0，即用户通常会因为过高的价格而放弃该服务；当RSPri小于或等于EPri时，用户对服务的价格接受度达到最大值1，即用户往往非常乐意接受价格低于或等于其预期的服务，服务定价越低，用户对服务价格的接受度越高。

由上所述，定义用户效用如式(7.8)所示：

$$\mathrm{Uti} = \omega_{\mathrm{QoS}} \cdot \mathrm{SaDeg}_{\mathrm{QoS}} + \omega_{\mathrm{ISP}} \cdot \mathrm{SeDeg}_{\mathrm{ISP}} + \omega_{\mathrm{Pri}} \cdot \mathrm{ADeg}_{\mathrm{Pri}} \tag{7.8}$$

其中，ω_{QoS}、ω_{ISP}和ω_{Pri}分别为QoS、ISP和服务价格三个指标对用户效用(用户选择该候选服务的可能性)的权值，且满足$0 \leqslant \omega_{\mathrm{QoS}}, \omega_{\mathrm{ISP}}, \omega_{\mathrm{Pri}} \leqslant 1$，$\omega_{\mathrm{QoS}} + \omega_{\mathrm{ISP}} + \omega_{\mathrm{Pri}} = 1$。

7.3.2　状态监测和准入控制

在控制平面和数据平面之间的虚拟平面，可以使中央控制器更方便地周期性获取网络状态，在ARSC系统机制中，利用链路层发现协议(link layer discovery protocol, LLDP)的方法作为交换机端口发现协议。中央控制器与交换机通过 packet_in 消息和 packet_out 消息交互来获取网络信息，依据LLDP所收集到的网络状态信息，中央控制器可以获取全局网络视图[132]。同时，基于各ISP所租用网络资源的使用情况，中央控制器向各ISP控制器发布该ISP所租用资源的虚拟网络视图，依据该虚拟网络视图，ISP更新其RIB信息，包括租用节点的状态信息(CPU利用率、缓存利用率等)和相应的链路状态信息(可用带宽、延迟、抖动和出错率等)。

当网络应用的请求到来时，首先执行准入控制操作，即确定能否找到满足该应用通信带宽需求的路径，然后依据RIB执行ACC判断该路径上资源是否可以满足对延迟、抖动和出错率参数的需求，最终，决定是否为该应用提供可供其候选的定制化路由服务。

7.3.3　服务定制和服务定价

数据平面中支持NFV的交换机可以被控制平面以可编程的方式写入多样化支持分组不同处理及转发操作的网络功能组件，这些功能以模块化设计并具有标准化的接口，可以用来支持多个功能以组装的方式形成服务链。依据各ISP的服务定制策略，即使在同一通信路径上，不同的ISP以其独特的定制策略所提供的路由服务带给用户的服务体验也不相同，如差异化的 QoS、服务价格等。由此，多种多样的路由服务可以在同一通信路径上支持不同类型的网络应用；同样的，相同的路由服务在不同的通信路径上可以提供不同的 QoS。各 ISP 收到应用请求后，依据其所租用网络资源的可用状态，执行 SCC 获得其所能提供的定制化路由服务所需的资源和功能信息，并把该候选服务的相关信息发送给中央控制器。

路由服务的价格影响着用户对该服务的选择情况，高定价虽然能增加 ISP 的利润，但也会减少选择该服务用户的数量，ISP 应该为其定制化服务制定合理的价格来最优化其利润。在 ARSC 系统机制中，对路由服务的定价考虑两个部分：固定价格和浮动价格，其中，固定价格是指基础价格，如单位带宽基价；浮动价格是指依据当前的可用网络资源情况，提供不同的 QoS 实际参数值来满足用户需求时可被调节的价格。通常来说，服务所提供延迟、抖动和出错率的实际参数值越低，ISP 所制定的浮动价格越高，这个过程由 SPC 来执行。

假设带宽的固定价格定义为 FixPri，基于延迟、抖动和出错率的浮动价格定义为 FloPri，如表 7.1 所示。

表 7.1 浮动价格

浮动价格	延迟	抖动	出错率
$FloPri_1$	de_1	jit_1	err_1
$FloPri_2$	de_2	jit_2	err_2
⋮	⋮	⋮	⋮
$FloPri_n$	de_n	jit_n	err_n

ISP 对其所提供的定制化路由服务的定价如式(7.9)所示：

$$RSPri=FixPri+FloPri_m,\quad 1\leqslant m\leqslant n \tag{7.9}$$

定义 RSCo 为 ISP 定制路由服务的成本，则 ISP 由提供此路由服务所获得利润如式(7.10)所示：

$$SP = RSPri - RSCo \tag{7.10}$$

7.4 匹配算法设计

面向每个网络应用的通信请求，总会有多个 ISP 提供各自定制化的路由服务作为候选，由用户选择能使其满意度最高的。相对的，当多个应用请求到来时，ISP 也倾向为使自己利润最大的应用提供服务。事实上，在多应用和多服务之间存在着相互选择关系。尤其当大量的某类应用请求在短时间内同时到来时，多个 ISP 不仅相互竞争选择使其利润最优的应用，还需要合作共同完成大量的服务定制和供给任务，本节提出了一种高效的多应用和多服务匹配算法，并且引入了帕累托效率提高匹配效率和优化匹配结果，实现 ISP 和用户利益均衡的目的。匹配操作由中央控制器通过执行 AMC 和 SMC（service matching component，服务匹配模块）来完成。

假设在一个短时间间隔内同时到来的应用请求集合定义为 $\mathrm{APP}=\left\{\mathrm{App}_1,\cdots,\mathrm{App}_n\right\}$。定义可提供定制化路由服务的 ISP 集合为 $\mathrm{ISP}=\left\{\mathrm{ISP}_1,\cdots,\mathrm{ISP}_m\right\}$，定义所有候选路由服务的集合为 $\mathrm{Ser}=\left\{\mathrm{Ser}_1,\cdots,\mathrm{Ser}_q\right\}$。对于应用 App_i，计算 Ser 中各候选服务对 App_i 的效用值并依据各服务的效用值大小降序排列获得集合 $\mathrm{Ser}^{\mathrm{App}_i}=\left\{\mathrm{Ser}_1^{\mathrm{App}_i},\cdots,\mathrm{Ser}_q^{\mathrm{App}_i}\right\}$。

为了获得最优的应用和服务匹配对，在匹配算法中引入了帕累托效率作为每轮匹配过程的优化条件，使 ISP 和用户达到当前网络状态下的最优利益均衡。定义 $\mathrm{AU}_i^{\mathrm{Ser}_k}$ 为 App_i 选择 Ser_k 时的效用，而 App_i 能获取的最大效用为 $\mathrm{AU}_i^{\max}$（即当 App_i 被匹配到其最偏好的服务）。定义 $\mathrm{SP}_k^{\mathrm{App}_i}$ 为 Ser_k 选择 App_i 时的效用，而 Ser_k 能获取的最大效用为 $\mathrm{SP}_k^{\max}$（即当 Ser_k 被匹配到使其利润最高的应用）。定义 $\mathrm{SDeg}_i^{\mathrm{Ser}_k}$ 和 $\mathrm{SDeg}_k^{\mathrm{App}_i}$ 分别为匹配对 App_i 和 Ser_k 的满意度，如下所示：

$$\mathrm{SDeg}_{\mathrm{App}_i}^{\mathrm{Ser}_k}=\frac{\mathrm{AU}_i^{\mathrm{Ser}_k}}{\mathrm{AU}_i^{\max}} \tag{7.11}$$

$$\mathrm{SDeg}_{\mathrm{Ser}_k}^{\mathrm{App}_i}=\frac{\mathrm{SP}_k^{\mathrm{App}_i}}{\mathrm{SP}_k^{\max}} \tag{7.12}$$

则定义依据 $\left(\mathrm{SDeg}_{\mathrm{App}_i}^{\mathrm{Ser}_k},\mathrm{SDeg}_{\mathrm{Ser}_k}^{\mathrm{App}_i}\right)$ 的帕累托效率为 PE，如下所示：

$$\mathrm{PE}\left(\mathrm{App}_i,\mathrm{Ser}_k\right)=\omega_{\mathrm{App}_i}\cdot\mathrm{SDeg}_{\mathrm{App}_i}^{\mathrm{Ser}_k}+\omega_{\mathrm{Ser}_k}\cdot\mathrm{SDeg}_{\mathrm{Ser}_k}^{\mathrm{App}_i} \tag{7.13}$$

其中，ω_{App_i} 和 ω_{Ser_k} 分别为 $\mathrm{SDeg}_i^{\mathrm{Ser}_k}$ 和 $\mathrm{SDeg}_k^{\mathrm{App}_i}$ 的权值，且 $0\leqslant\omega_{\mathrm{App}_i},\omega_{\mathrm{Ser}_k}\leqslant 1$，

$\omega_{\mathrm{App}_i}+\omega_{\mathrm{Ser}_k}=1$。显然，PE 的值越高表示被匹配的应用和服务对应的用户与 ISP 的利益越均衡[133]。

匹配算法由 AMC 和 SMC 协作执行，具体描述如算法 7.3 所示。

算法 7.3　匹配算法

输入: APP, ISP, Ser
输出: AAMs, FTEs
定义 MPs 为应用请求与候选服务匹配对的集合，定义 $\mathrm{MPs}[j]=\left(\mathrm{App}_j^{\mathrm{MPs}},\mathrm{Ser}_j^{\mathrm{MPs}}\right)$ 为其第 j 个元素，$\mathrm{App}_j^{\mathrm{MPs}}\in\mathrm{APP}$，$\mathrm{Ser}_j^{\mathrm{MPs}}\in\mathrm{Ser}$

1. **begin**
2. 　**while** $(\mathrm{APP}\neq\varnothing)\&\&(\mathrm{Ser}\neq\varnothing)$ **do**
3. 　　初始化 MPs 为空数组;
4. 　　**for** APP 中每个元素 App_i **do**
5. 　　　根据当前 Ser 更新 $\mathrm{Ser}^{\mathrm{App}_i}$;
6. 　　　选择 $\mathrm{Ser}^{\mathrm{App}_i}$ 中第一个服务;
7. 　　　发送被选择服务的唯一描述符到其对应 ISP;
8. 　　**end for**
9. 　　**for** 每个收到描述符的 ISP **do**
10. 　　　把该描述符加入候选服务集合(CS)中;
11. 　　　**if** ISP 可用资源无法支持所有 CS 中服务 **then**
12. 　　　　**for** 每个 CS 中元素 **do**
13. 　　　　　根据式(7.10)计算其利润;
14. 　　　　**end for**
15. 　　　　在 CS 中根据上述利润由高到低对元素进行排序;
16. 　　　　在 CS 中从前向后选择服务直到 ISP 可用资源耗尽;
17. 　　　　在 CS 中移除没被选择到的服务;
18. 　　　**end if**
19. 　　**end for**
20. 　　根据 CS 匹配应用请求与候选服务;
21. 　　被匹配的应用请求候选服务加入到 MPs;
22. 　　**for** $j\in\{1,\cdots,|\mathrm{MPs}|\}$ **do**
23. 　　　根据式(7.13)计算 MP 中每个元素的 PE;
24. 　　　**for** 每个为被匹配的 App_z **do**

25. 　　　　**if** $\text{Ser}^{\text{App}_z}$ 中排序第二的候选服务是 $\text{Ser}_j^{\text{MPs}}$ **then**

26. 　　　　　　**if** $\left((\text{SDeg}_{\text{Ser}_j^{\text{MPs}}}^{\text{App}_z} \geqslant \text{SDeg}_{\text{Ser}_j^{\text{MPs}}}^{\text{App}_j^{\text{MPs}}})\ \&\&\ \left(\text{PE}\left(\text{App}_z,\text{Ser}_j^{\text{MPs}}\right) > \text{PE}\left(\text{App}_j^{\text{MPs}},\text{Ser}_j^{\text{MPs}}\right)\right)\right)$ **then**

27. 　　　　　　　把 $\text{MPs}[j]$ 中的 $\text{App}_j^{\text{MPs}}$ 替换为 App_z；

28. 　　　　　　**end if**

29. 　　　　**end if**

30. 　　　**end for**

31. 　**end for**

32. 　根据 MPs 发送 AAMs 和 FTEs 到相应交换机中;

33. 　根据 MPs 从 APP 和 Ser 中移除已匹配成功的应用请求与候选服务;

34. **end while**

35. **end**

在算法描述中，首先依据应用效用选择候选服务(第 4～8 行)，ISP 则依据其当前可用网络资源和利润情况选择能够提供哪些服务(第 9～19 行)，从而获得初始的应用和服务匹配对集合。然后引入帕累托效率对初始匹配成功的匹配对和剩余没匹配成功的应用和服务做进一步优化匹配，获得当前网络状态下最优利益均衡的匹配对集合，该集合中各元素对不再加入下一轮匹配操作(第 22～31 行)。在每轮匹配结束后(第 33 行)，中央控制器调用相应的网络资源和组装相应的网络功能为匹配成功的应用提供定制化的路由服务。

原理　匹配算法 7.3 可以达到最优匹配结果，即匹配成功的应用和服务能够达到当前网络状态下的最优均衡。

证明　为避免初始匹配对集合 MPs (第 21 行)与重匹配对集合 MPs(第 32 行，即通过第 22～31 行优化匹配操作后 MPs 更新)之间的混淆，该证明中进行如下两个定义，初始的匹配对集合定义为 IMPs(第 21 行)，重匹配对集合定义为 RMPs (第 32 行)。在 RMPs 中，假设被匹配的应用集合定义为 $\text{MAPP}=\{\text{MApp}_1,\cdots,\text{MApp}_a,\cdots,\text{MApp}_b\}$，且 $\text{MAPP}\subseteq\text{APP}$，被匹配的服务集合定义为 $\text{MSer}=\{\text{MSer}_1,\cdots,\text{MSer}_a,\cdots,\text{MSer}_b\}$，且 $\text{MSer}\subseteq\text{Ser}$，则 MApp_a 和 MSer_a 是属于 RMPs 的一个匹配对。

如果 MApp_a 也是属于 IMPs 中一个被匹配的应用，显然 MSer_a 是对于 MApp_a 的最优服务(第 5～7 行)；否则，对于 MApp_a 的最优服务在当前网络

状态下无法被 ISP 所提供(第 15～17 行)，从而 $MSer_a$ 成为 $MApp_a$ 当前网络状态下可被选择的最优服务(第 25 行)。因此，对于 $MApp_a$ 来说，必然存在 $\forall Ser_j \in Ser, SDeg_{MApp_a}^{MSer_b} \geqslant SDeg_{MApp_a}^{Ser_j}$ ，并且 $\forall Ser_j \in Ser, PE(MApp_a, MSer_b) \geqslant PE(MApp_a, Ser_j)$ 也成立。

可知 $MSer_a$ 已经是 ISP 所选择能够提供最优利润的服务(第 15～17 行)，然而 $MSer_a$ 当前所匹配的应用却不一定使 ISP 获得的利润最大。然后，通过重匹配过程再优化当前网络状态下 ISP 由 $MSer_a$ 获得的利润(第 22～31 行)。因此，对于 $MSer_a$ 来说，必然存在 $\forall App_i \in APP, SDeg_{MSer_b}^{MApp_a} \geqslant SDeg_{MSer_b}^{App_i}$ ，并且 $\forall App_i \in APP, PE(MApp_a, MSer_b) \geqslant PE(App_i, MSer)$ 也成立。

因此，匹配算法 7.3 能够获得最优的匹配结果。每轮匹配结束后匹配成功的应用总能获得当前网络状态下最优的路由服务，且不需要进入下一轮匹配过程，直接被中央控制器提供被匹配到的定制化服务；同时，因匹配成功而被提供给应用的服务也总能使 ISP 在当前网络状态下获得最优利润。

7.5 实验设置和性能评估

7.5.1 实验设置

为实现本章提出的 ARSC 系统机制，选择 Floodlight 作为控制平面的控制器，选择 OpenFlowClick 作为支持 NFV 的交换机。实验环境建立在 Linux 平台上(Intel core i5 3.3GHz, 16GB DDR3 RAM)。为了评估 ARSC 系统机制的适应性和稳定性，选择了三种实际的且典型的网络拓扑：CERNET2、GéANT 和 INTERNET2。这三种网络拓扑具备不同的特性，如节点总数量(total number of nodes, TNN)、链路总数量(total number of links, TNL)、带宽低于 10Gbit/s 的链路数量(number of links with bandwidth less than 10Gbit/s, NLL)、带宽在 10～100Gbit/s 的链路数量(number of links with bandwidth between 10Gbit/s and 100Gbit/s, NLB)和带宽大于 100Gbit/s 的链路数量(number of links with bandwidth more than 100Gbit/s, NLM)，具体如图 7.4 和表 7.2 所示。

依据弹性/非弹性和交互/非交互特性选择了四种典型的网络应用，如表 7.3 所示，在仿真实验中，每种类型网络应用的通信请求随机产生。另外，实验设置和性能评估中各参数设置依据分别为 ω_{bw}、ω_{de}、ω_{jit} 和 ω_{err}，各权值设置依据文献[134]和[135]且具体数值依据文献[136]中方法计算获得；假设 QoS、ISP 和价格三种因素对用户的服务选择同等重要，设置 $\omega_{QoS}=$

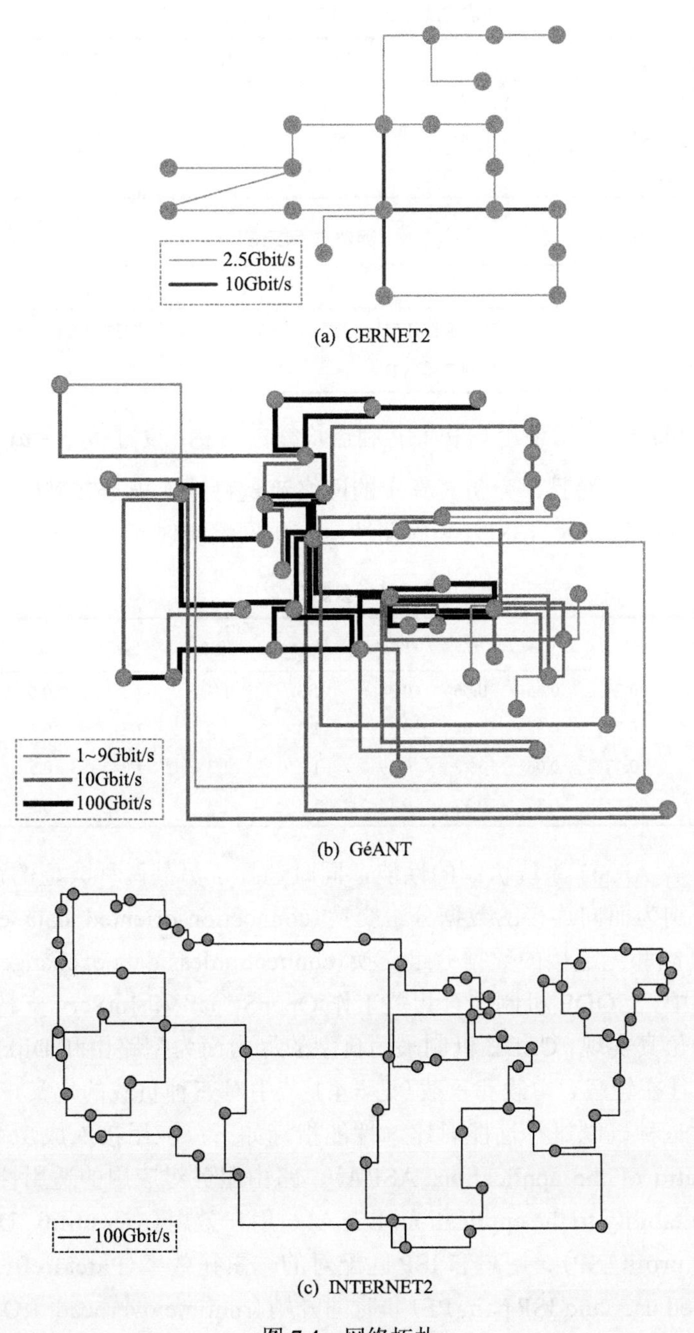

(a) CERNET2

(b) GéANT

(c) INTERNET2

图 7.4　网络拓扑

表 7.2 三种网络拓扑特性

拓扑类型	TNN	TNL	NLL	NLB	NLM
CERNET2	20	22	4	18	0
GéANT	41	65	8	30	27
INTERNET2	64	78	0	0	78

表 7.3 网络应用示例

特性	非交互	交互
弹性	电子邮件(EM)	网页浏览(WB)
非弹性	视频点播(VD)	视频会议(VT)

$\omega_{Pri}=\omega_{ISP}=1/3$；依据使用户和 ISP 利益均衡的目标，设置 $\omega_{App_i}=\omega_{Ser_k}=0.5$，如表 7.4 所示。而且，为仿真真实的网络流量特性，根据文献[137]产生网络流量，并通过文献[138]方法周期性地收集网络实时状态信息。

表 7.4 参数设置

网络应用	ω_{bw}	ω_{de}	ω_{jit}	ω_{err}	ω_{QoS}	ω_{Pri}	ω_{ISP}	ω_{App_i}	ω_{Ser_k}
EM	0.54	0.06	0.06	0.34	1/3	1/3	1/3	0.5	0.5
WB	0.26	0.35	0.04	0.35	1/3	1/3	1/3	0.5	0.5
VD	0.43	0.06	0.22	0.29	1/3	1/3	1/3	0.5	0.5
VT	0.12	0.37	0.37	0.14	1/3	1/3	1/3	0.5	0.5

为评估 ARSC 系统机制的性能，同时选择了另外两种典型的路由配置机制，分别为面向连接的数据分组交换(connection-oriented data exchange, CODE)机制和无连接的数据分组交换(connectionless data exchange, CLDE)机制。其中，CODE 机制结合相关工作 OpenSCaaS 和 IntServ 支持 QoS 的模型进行仿真实现，CLDE 机制采用典型的尽力而为型路由和 Dijkstra 路由算法，并且在轻载、中载和重载(见 6.4.1 节中对三种负载的定义)三种网络状态下对三种机制进行性能对比。性能指标如下：应用接入成功率(access success ratio of the application, ASRA)、路由服务对应用的适用性(routing service suitability to the application, RSSA)、用户效用(user utility, UU)、ISP 利润(ISP profit, SP)、用户和 ISP 匹配对的帕累托效率(Pareto efficiency of the matched user and ISP pair, PE)和时间开销(runtime overhead, RO)。

7.5.2　性能评估

1. ASRA

ASRA 是指成功接入的应用数量与全部请求接入应用数量的比值，在三种网络负载状态下，三种机制的仿真结果如图 7.5 所示。

CLDE 的 ASRA 最高，紧随着是 ARSC 和 CODE。这是因为 CLDE 不具备准入控制功能，只能提供尽力而为型服务，即使已经接受的应用也不一定会得到可用的服务，尽管其 ASRA 总是趋近 1，但并不保证接入的应用能够被提供所需的服务。然而，ARSC 和 CODE 可以为成功接入的应用提供保证型服务，即只要应用请求被成功接受，该应用总能获得相应的服务，所以这两种机制的 ASRA 随着网络负载加重而降低。ARSC 的 ASRA 总是高于 CODE，尤其是对于非弹性的网络应用。以 VD 和 VT 为例，ARSC 比 CODE 在网络中载状态下分别高出 4.5 个百分点和 5.6 个百分点，在网络重载状态下分别高出 7.1 个百分点和 9.7 个百分点。这主要是因为 ARSC 能够自适应选择合适的通信路由来避免高负载的节点和链路，并且，其多个 ISP 竞争的机制可以使应用获得更多被接入的机会，另外，其全局性的网络视图能够在提供服务时合理地规划全网资源，为未来可能到来的应用提前均衡全网流量分布。

2. RSSA

RSSA 是指 ISP 提供的服务满足应用需求的可能性，对比结果如图 7.6 所示。

ARSC 的 RSSA 最高，紧接着是 CODE 和 CLDE。在 CODE 和 CLDE 下，RSSA 随着网络负载加重而快速降低，尤其是对于非弹性的网络应用。例如，对于 VD 和 VT，ARSC 的 RSSA 比 CODE 在网络轻载状态下分别高出 1.4 个百分点和 2.5 个百分点，在网络中载状态下分别高出 3.3 个百分点和 4.1 个百分点，在网络重载状态下高出 7.1 个百分点和 9.7 个百分点。主要原因如下，首先，ARSC 只有在网络资源足够时才接受应用的通信请求；然后，ARSC 不提供通用的路由服务，相对的，其能够为应用提供当前网络状态下定制化的路由服务；最后，ARSC 能为应用提供多个可供选择的候选服务。尽管 CODE 也可以为应用提供质量保证型服务，但这些服务往往都是通用服务非定制化服务。另外，CODE 和 CLDE 不具备依据网络状态自适应调整服务的能力。

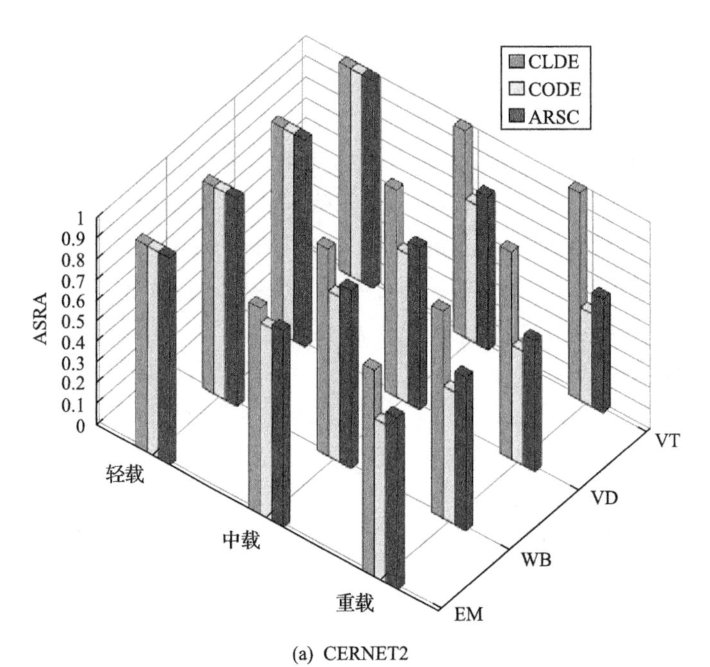

(a) CERNET2

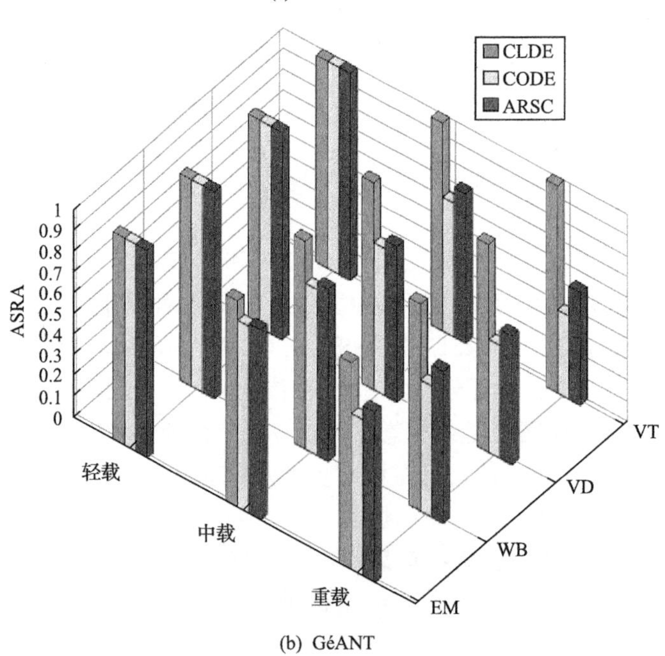

(b) GéANT

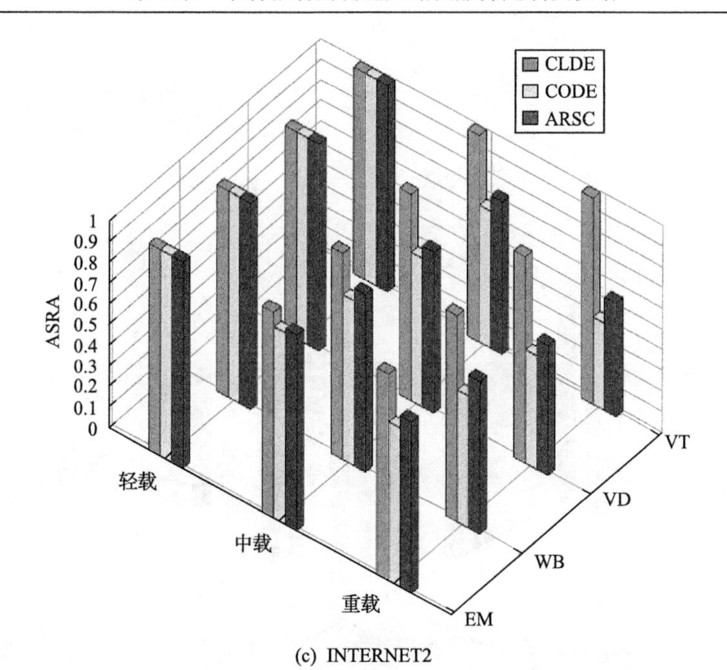

(c) INTERNET2

图 7.5　ASRA 性能对比

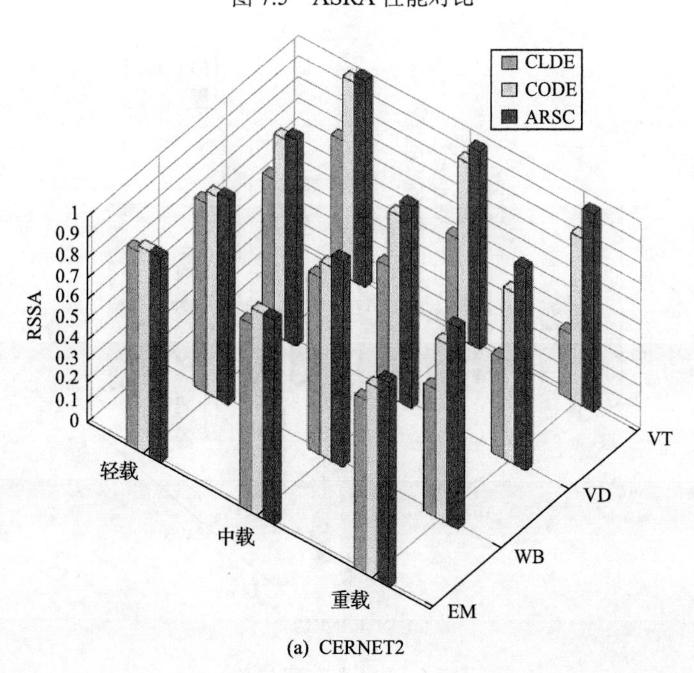

(a) CERNET2

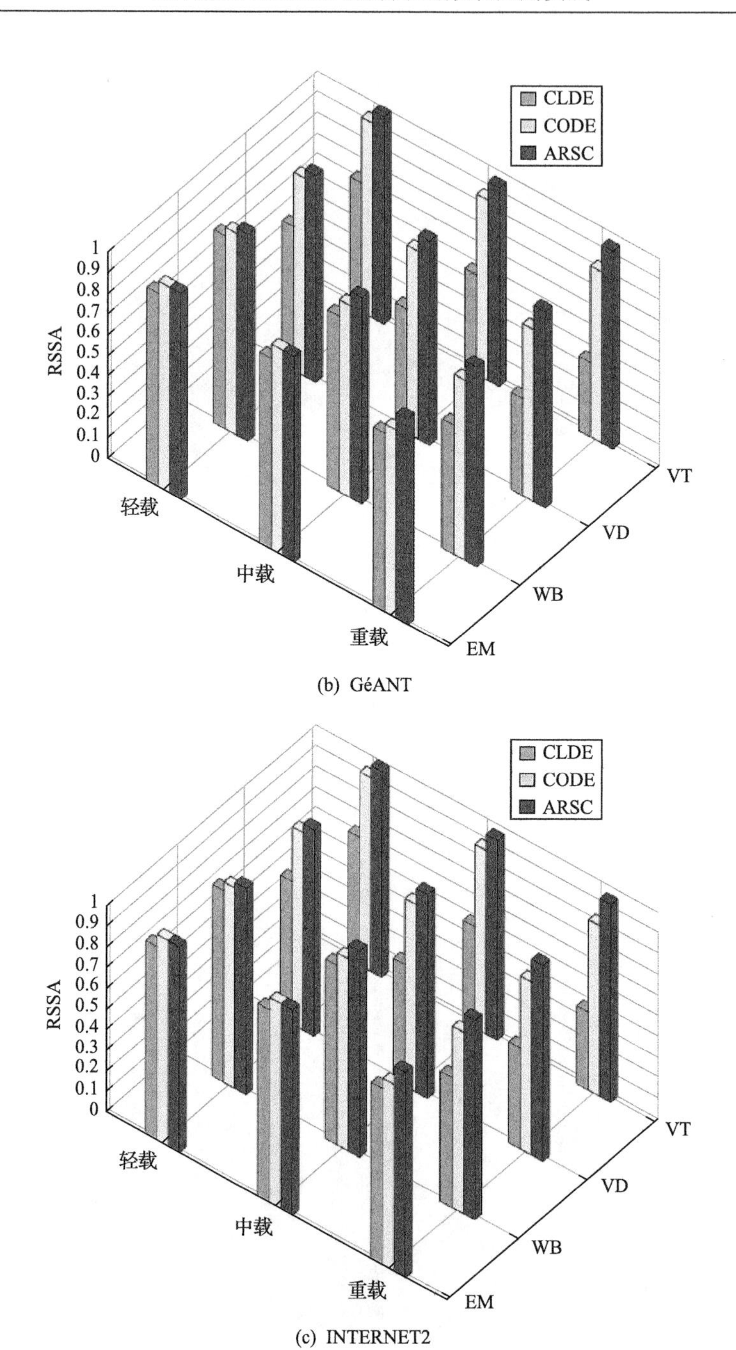

(b) GéANT

(c) INTERNET2

图 7.6 RSSA 性能对比

3. UU

UU 是指用户对所获服务的整体满意程度，对三种机制所提供服务的 UU 进行对比，结果如图 7.7 所示。

ARSC 的 UU 明显高于 CODE 和 CLDE，尤其是对当网络负载加重时的非弹性网络应用来说。例如，对于 VD 和 VT，ARSC 比 CODE 在网络轻载状态下分别高出 1.7 个百分点和 2.6 个百分点，在网络中载状态下分别高出 7.3 个百分点和 8.1 个百分点，在网络重载状态下分别高出 14.1 个百分点和 18.2 个百分点。主要原因如下，首先，ARSC 提供定制化服务时会准确地分析用户对不同应用确切的通信需求；然后，ARSC 提供的定制化服务不仅考虑了用户的质量体验，还考虑了用户的价格体验，有效提高了用户对服务的整体满意度。然而，CODE 和 CLDE 没有准确地区分用户多样化和个性化的通信需求，而且，它们没有考虑价格因素对用户满意程度的影响。

4. SP

SP 是指 ISP 为用户提供定制化的路由服务对其所获利润的满意程度，三种机制对比结果如图 7.8 所示。

ARSC 使 ISP 获得的利润高于 CODE 和 CLDE，尤其是对当网络负载加重时的非弹性网络应用来说。例如，对于 VD 和 VT，ARSC 比 CODE 在网络轻载状态下分别高出 2.8 个百分点和 3.5 个百分点，在网络中载状态下分别高出 5.1 个百分点和 7.3 个百分点，在网络重载状态下分别高出 10.1 个百分点和 11.2 个百分点。主要原因如下，首先，在 ARSC 中，每个 ISP 提供路由服务时可以主动地依据其当前可用的租用资源，制定满足其利润需求的浮动价格；然后，每个 ISP 可以更加灵活地利用其技术特性，组装独特的网络功能，更合理地对所租用资源进行分配，减少成本；最后，尽管多个 ISP 之间存在竞争，但这种机制鼓励 ISP 提供高质量高价格的服务来吸引需要高服务体验的用户。然而，CODE 和 CLDE 只提供通用化的标准服务，不具备依据当前网络资源状态调控价格和减少服务成本的能力，另外，它们无法提供定制化的服务使用户愿意付出较高价格。

5. PE

PE 是指对于匹配成功的应用和服务对，用户和 ISP 对各自利益满意度的均衡程度，三种机制对比结果如图 7.9 所示。

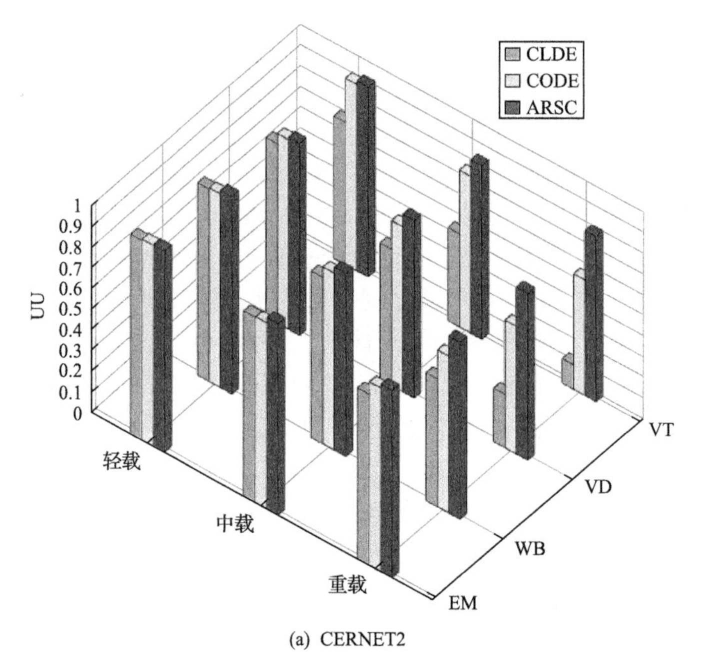

(a) CERNET2

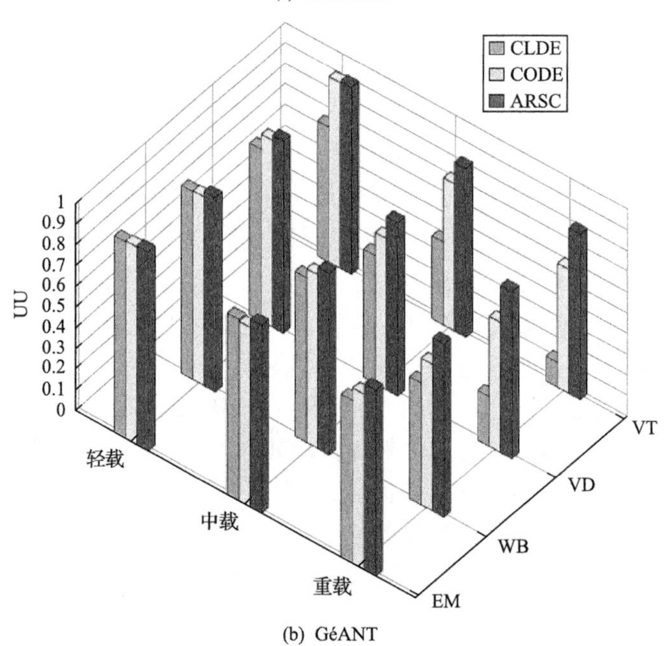

(b) GéANT

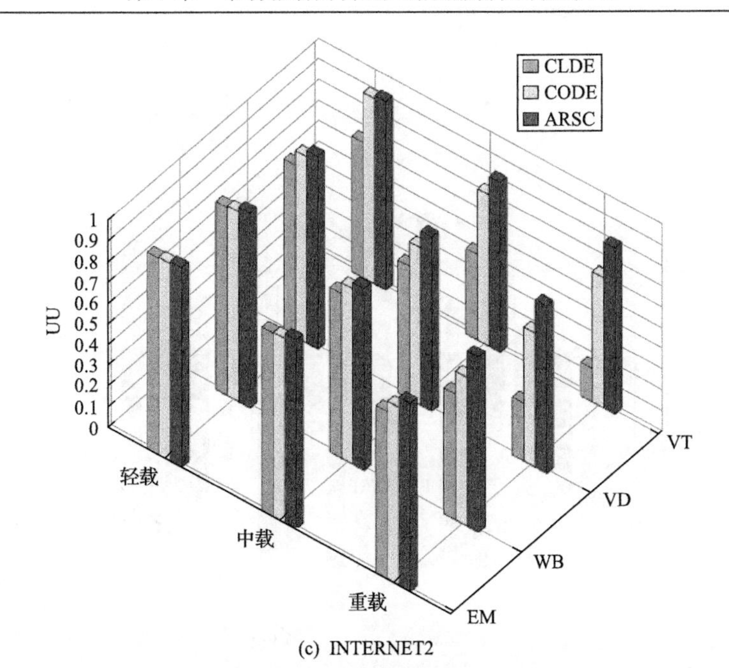

(c) INTERNET2

图 7.7　UU 性能对比

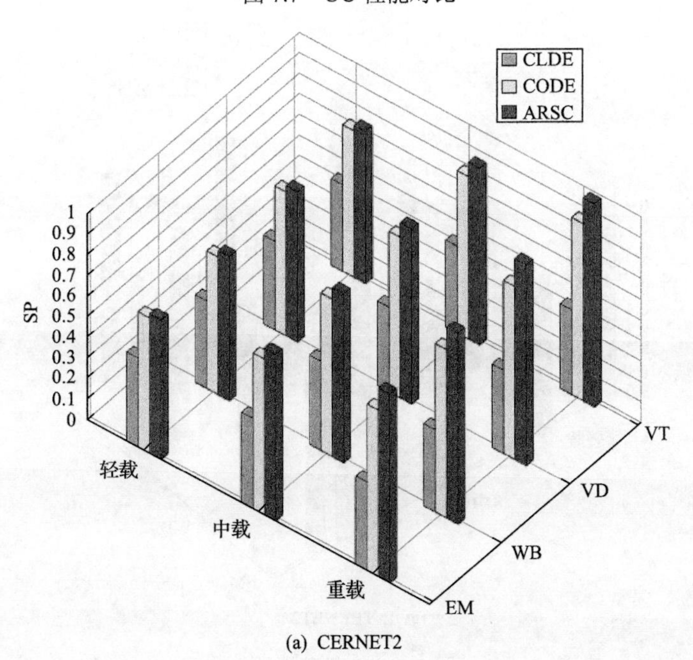

(a) CERNET2

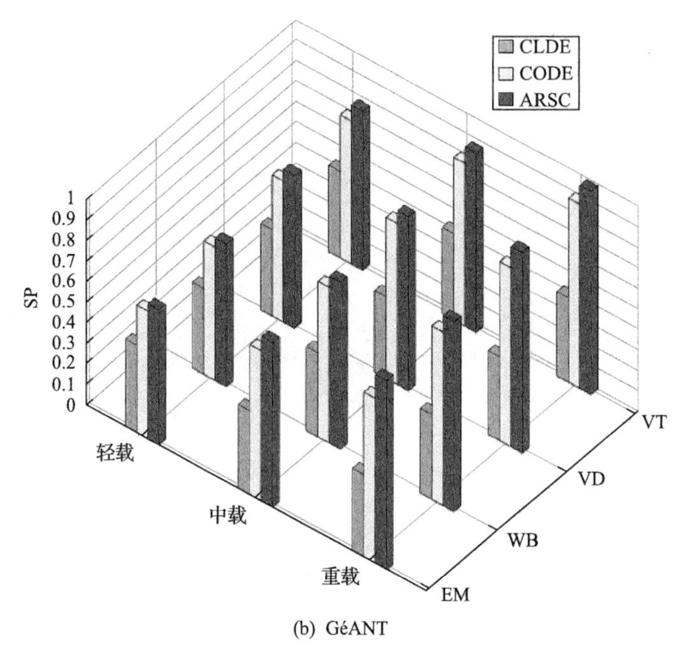

(b) GéANT

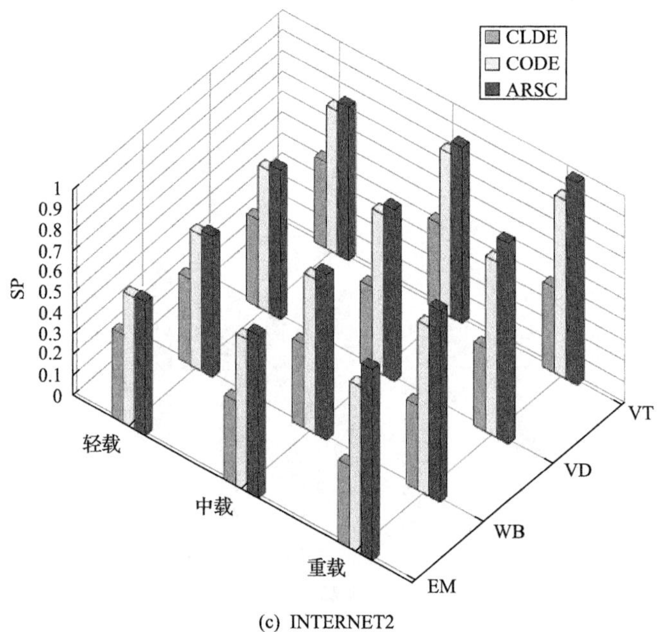

(c) INTERNET2

图 7.8 SP 性能对比

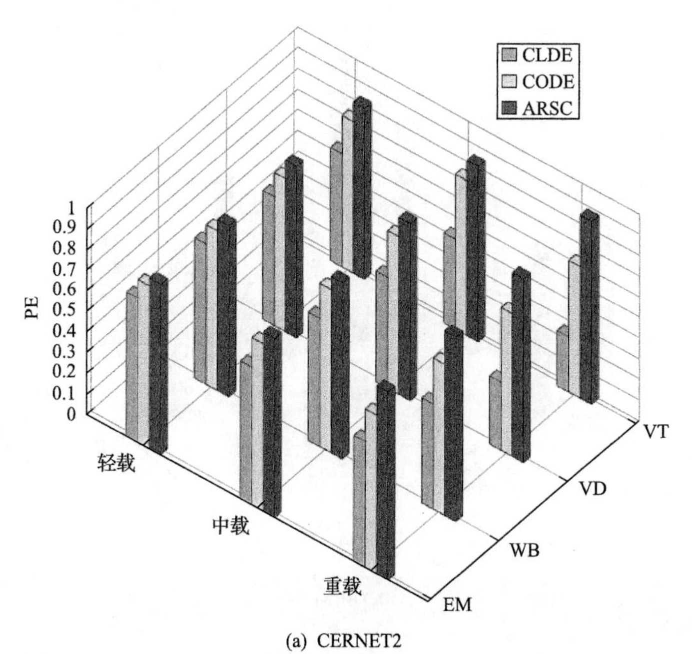

(a) CERNET2

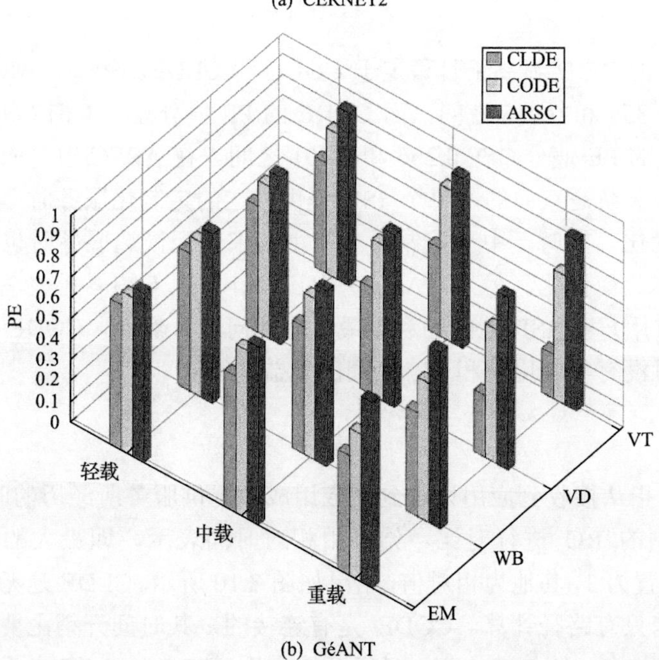

(b) GéANT

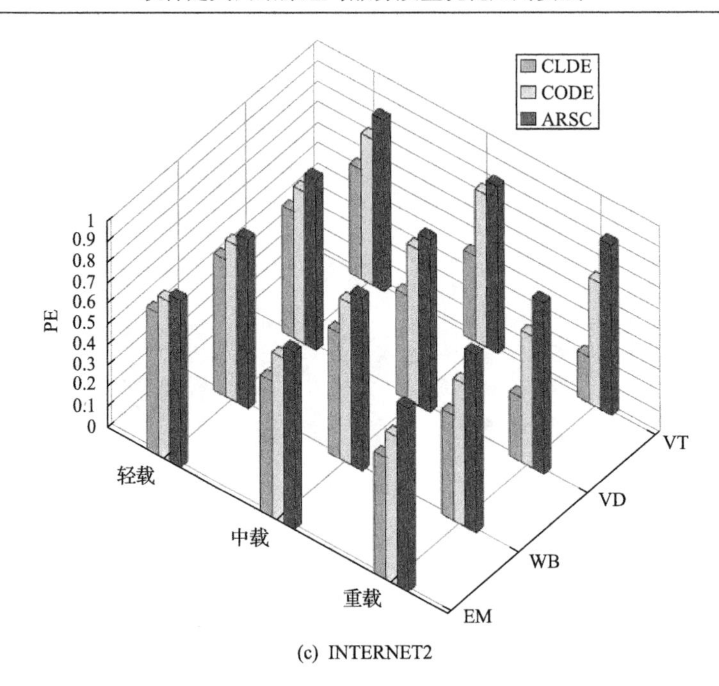

(c) INTERNET2

图 7.9　PE 性能对比

ARSC 的 PE 明显高于且稳定于 CODE 和 CLDE。例如，ARSC 的 PE 值稳定在 0.856 和 0.915 之间，而 CODE 的 PE 值分布在 0.617 和 0.813 之间，CLDE 的 PE 值分布在 0.266 和 0.701 之间。在 ARSC 中，应用和服务之间的选择关系是双向的，每个 ISP 提供候选的定制化服务时考虑到了使其利润最优化，同时，中央控制器为应用请求匹配候选服务时也考虑了使用户服务体验最优化。另外，ARSC 中还设计了引入帕累托效率的匹配算法，来促进用户和 ISP 之间的利益最优均衡问题。然而，CODE 和 CLDE 提供服务时没有考虑用户和 ISP 之间的利益均衡。

6. RO

RO 是指从接收到应用请求到为应用成功提供服务所经历的时间开销，对三种机制的 RO 进行对比，结果用相对时间表示，即最大的时间开销(0.225s)设置为 1，其他为相对值，结果如图 7.10 所示。CLDE 是无连接的，其时间开销只有路径计算。CODE 是有连接的，其时间开销主要包括路径计算、准入控制、连接建立等，时间开销高于 CLDE。ARSC 由于需要提供定制化的路由服务，且还需要额外运行效用计算、服务组装、服务定价和匹配等功能模块，所需时间开销最大。

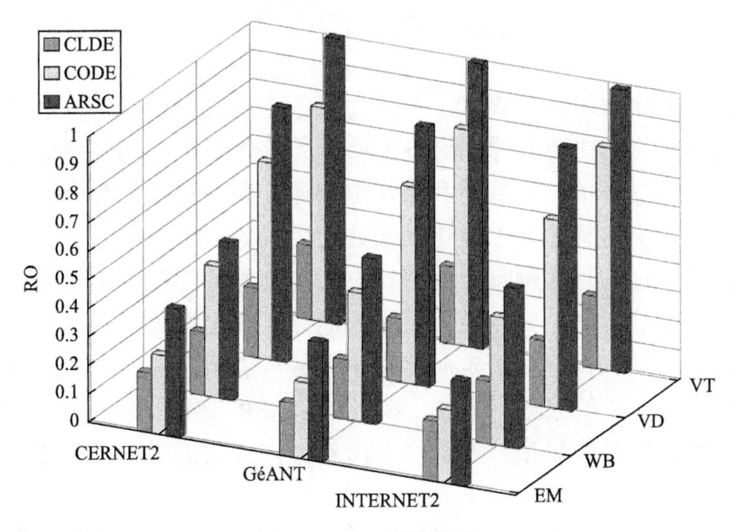

图 7.10　RO 性能对比

然而，对于之前进行过成功匹配应用和服务，若有相似的应用请求到来时，ARSC 可以依据已经下发的 FTE 快速地为应用请求匹配服务并建立连接，其所需时间开销大幅减少，如图 7.11 所示。最大时间开销为 0.177s（设置为 1，其他值为相对值）。

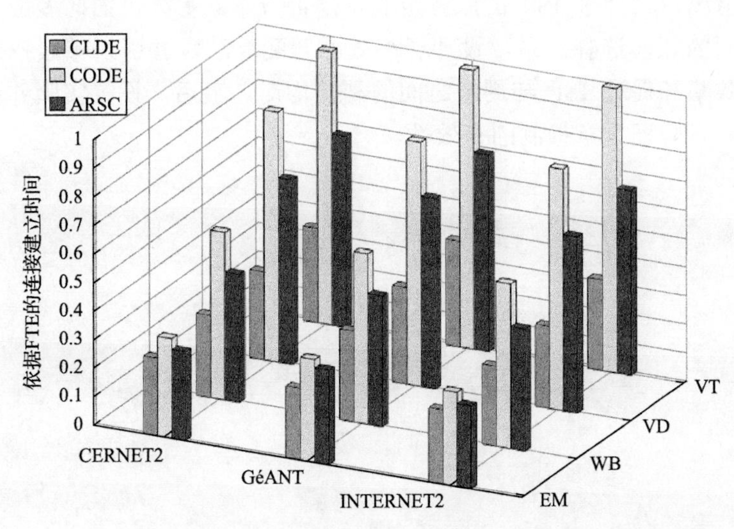

图 7.11　依据 FTE 的连接建立时间

7.6 本章小结

面向商业化网络运营模式下的路由服务定制及供给问题，本章以网络运营商为定制化路由服务的供给决策中心，多个 ISP 租用网络运营商的网络资源并依据自身的技术特性和市场定位通过既有竞争又有合作的方式为用户定制和提供多样化和差异化的候选路由服务，不仅把网络运营商从规模庞大但粒度过细地兼顾每个用户特点而定制服务的巨大工作量中解脱出来，还能充分扩展服务定制模式以高效地提高底层资源利用率，优化各自的经济利益。同时，更多的定制化路由服务可供用户选择，使用户能以合理的价格获得更优的服务。另外，在用户和 ISP 双方的选择过程中，需要引入合适的计算经济模型，在综合考虑双方需求的情况下达到利益均衡的目标。

本章提出了市场驱动的自适应路由服务定制及供给机制，详细描述了商业化网络运营模式下网络运营商、ISP 和用户之间的关系，以及服务定制、匹配和供给的工作流程。通过考虑对 QoS 的满意度、对 ISP 的选择度和对服务价格的接受度三个指标，设计了用户效用评估模型，作为系统为用户匹配其最期望服务的依据。通过考虑固定价格和浮动价格，依据租用资源的可用情况，设计了 ISP 的服务定制及定价方案。另外，面向多应用和多服务之间的双向选择关系，设计了高效的匹配算法，并引入帕累托效率改善匹配效率和促进 ISP 与用户之间的利益均衡。最后，设置实验并进行性能评估，以验证本章机制的有效性。

第8章　网络功能自适应部署

8.1　引　　言

虽然当前互联网已经很成功地实现网络应用之间的数据分组传输，然而，随着新型网络应用的涌现和用户越来越复杂的通信需求，要求互联网需要在简单的分组转发操作基础上部署更多专用化的分组处理功能[139]。假设网络功能可以划分为基础网络功能(basic network functions, BNFs)和特有网络功能(special network functions, SNFs)。其中，BNFs支持基本的分组转发，如标准的IP路由协议[140]等；相较来说，SNFs则可以提供独特的通信特性，如保证通信的安全性(防火墙、访问控制等)、支持通信的可靠性(差错控制、故障恢复等)、改善通信的QoS(流量整形、分组调度等)等。由此，SNFs在显著提高网络应用的通信性能、满足用户的独特需求和改善用户的服务体验等方面发挥着关键作用。

面向数目众多且承担着对数据分组独特处理及转发操作的SNFs，如果能把它们全部预先部署在每个交换设备(如交换机)中，显然可以为在任意通信路径上随时满足各种各样的通信需求带来极大便利。然而，受制于交换机有限的存储空间及处理能力，把所有的SNFs都预先配置在每个交换机中是不现实的。如果以另外一种方式，即仅在某些SNFs被需求时才即时地把它们部署到相应的交换机中，则又可能会带来其他比较严重问题，如服务响应延迟(如额外的功能部署时间)、网络流量拥塞(如网络业务繁忙时才部署大量功能需要占用过多带宽)等。

事实上，基于不同的应用场景或通信模式，在一个交换机中，某些SNFs可能被频繁使用，而另一些SNFs几乎不被需求和使用。这些应用场景或通信模式由时间因素和地理因素共同作用，例如，用户在住宅区可能偏好娱乐类应用(如网络游戏、视频直播)，而在工作区则可能通常使用VoIP类应用，这说明某些特定物理位置的交换机可能在某些时间周期内经常支持某些确定类型的通信需求。由此，依据交换机过去数个时间周期内所支持的应用或所需求的 SNFs 情况来预测相应的 SNFs 在该交换机中未来时间周期内的流行度(即相应的 SNFs 在未来时间内被该交换机需要和使用的概率)，从而把未来时间周期内可能会被经常需求和使用的 SNFs 提前部署到该交换机中，并辅以实时策略部署少量、急需的功能，来解决上述问题。

基于软件定义思想，利用 SDN 和 NFV，本章提出定制化路由服务中网络功能的自适应部署(network functions adaptive deployment, NFAD)机制，把多种多样负责对分组独特处理及转发操作的 SNF 自适应地部署到各交换机中，便于快速组装支持独特通信需求的定制化路由服务；提出基于预测的网络功能提前部署方案，使用长期预测与短期预测相结合的方式获取 SNFs 流行度，从而在各交换机中尽可能多地提前部署未来时间周期内可能会被大量需求的 SNFs；设计网络功能实时部署方案作为提前部署方案的补充，该策略仅在考虑当前网络状态允许的条件下，并且针对少量、紧急的需求情况才会进行；考虑交换机有限的处理能力、功能间互斥关系和实时可用的链路带宽三个因素来改善资源利用率。

8.2　NFAD 系统机制建模

首先，对 NFAD 系统机制进行建模，具体如图 8.1 所示。

在 NFAD 系统机制中，控制平面为定制化路由服务中网络功能部署位置的决策中心，包括基于 NFV 构建的功能池、功能放置模块和功能分发模块。其中，功能放置模块负责记录交换机每个周期的反馈信息(如其所支持的应用类型信息和所需求及使用的 SNFs 信息)，并以此预测 SNFs 在各交换机中未来周期内的流行度，决定把哪些 SNFs 部署到哪些交换机中，同时把相应的 SNFs 部署方案发送到功能分发模块。功能分发模块依据收到的 SNFs 部署方案，在未来各周期前基于功能池分发 SNFs 到各相应交换机中，并且，该模块还承担实时地部署少量 SNFs 的任务。

交换机中不仅包含数据分组转发所必需的 BNFs，还可以由功能分发模块提前部署可能在未来周期内被频繁需求的 SNFs 及实时部署少量当前突发需求的 SNFs。而且，交换机还负责把每个周期内支持过的应用类型和被需求及使用的 SNFs 信息发送到功能放置模块。

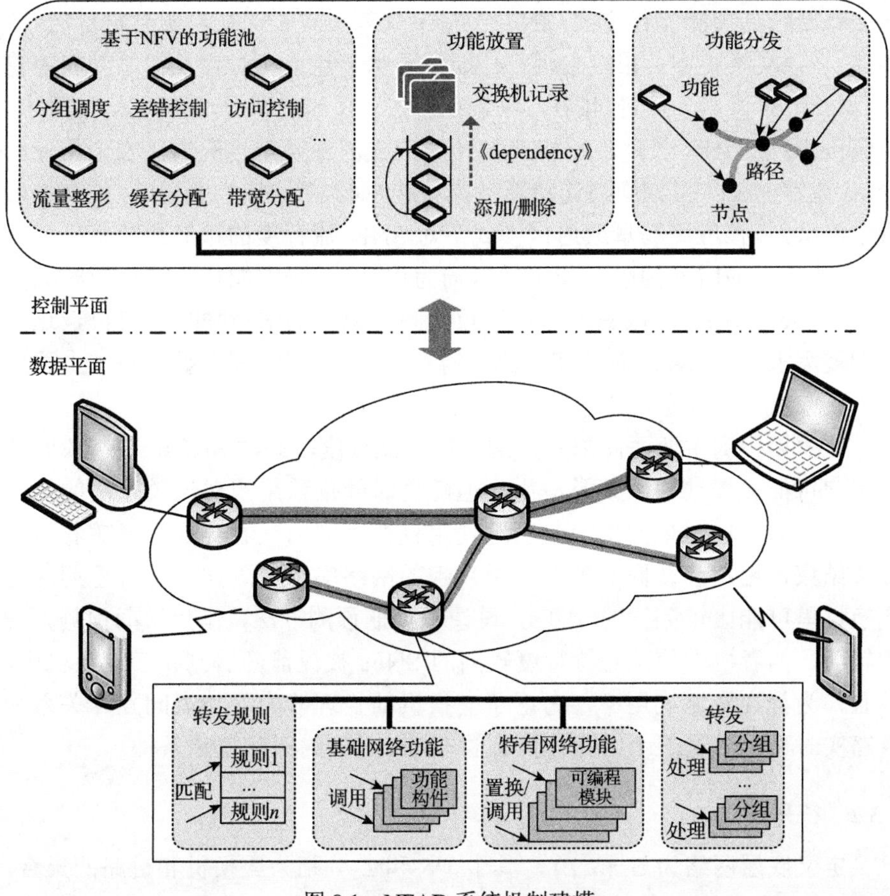

图 8.1　NFAD 系统机制建模

8.3　功能部署策略

8.3.1　功能流行度

在本章中，功能流行度被定义为指某 SNF 在某个交换机中被需求和使用的频繁程度。利用 SNF 对交换机的流行度，设计了一种结合长期预测和短期预测的 SNF 流行度预测方法，来预测某 SNF 对某个交换机在未来周期内的流行度，并基于该方法自适应地提前部署合适的 SNFs 到各交换机中。

长期预测用来预测哪些 SNFs 对于某个交换机在未来一段相对较长的时间周期内是必需的。例如，依据长期预测结果，对于一个交换机来说，一个有着较高预测流行度的 SNF 在接下来整个较长周期内需要被部署(即存储)在该交换机中。相较来说，长期预测基于几个相对较长的时间间隔建立(如一周作为一个时间间隔)，来避免一些较短的特殊短时间间隔(如周末、节假日等)对 SNF 长期流行情况的预测造成消极影响。例如，安全相关的 SNFs 通常在工作日期间被连接财务类机构(如银行、证券公司等)的交换机频繁需求，在该应用场景或通信模式下对 SNFs 流行度的预测需要基于长期预测(即较长的时间间隔，如上述以周为周期)，而不能基于较短的时间间隔(如以天为周期)，这是因为若较短时间间隔为周末(即非工作日)，这些长期被需求的 SNFs 反而被其他偶尔需求的 SNFs 置换了，显然对于上述应用场景或通信模式是不合理的。

而短期预测主要面向那些短期时间内流行度较高的 SNFs。在某段时间内用户可能频繁地使用某类应用，但随着时间推移用户对该类应用的热情削减，例如，奥运期间用户频繁地使用直播类应用观看赛事，但随着精彩赛事结束，用户会转向其他开始感兴趣的网络应用。因此，针对短期内在交换机里可能比较流行的 SNFs，设计了短期预测方法，作为长期预测方法的辅助，两者协作使预测流行度较高的 SNFs 被提前部署到相应交换机中。并且，为提高资源利用率，考虑了交换机的处理能力、功能间互斥关系和链路实时可用带宽三个因素作为部署 SNFs 时的约束和优化条件。

8.3.2 符号定义

定义底层网络为 $G=(S,L)$，其中，S 和 L 分别为交换机和链路的集合。交换机 S_l 的处理能力(即可以同时支持多个 SNFs 执行的能力)表示为 PCS_l，$S_l \in S$。链路 L_e 的带宽表示为 BL_e，$L_e \in L$。

定义 SNFs 的集合为 SNF。对于 $\mathrm{SNF}_j \in \mathrm{SNF}$，在一个交换机里执行其所需的处理能力表示为 $\mathrm{PC}^{\mathrm{SNF}_j}$。对于 $\mathrm{SNF}_i,\mathrm{SNF}_j \in \mathrm{SNF}$ 且 $\mathrm{SNF}_i \neq \mathrm{SNF}_j$，$\mathrm{SNF}_i$ 和 SNF_j 之间的互斥关系定义为 AAS_{ij}，当 $\mathrm{AAS}_{ij}=1$ 时表示 SNF_i 和 SNF_j 不能同时运行于同一个交换机中，例如，运行两个功能的前提条件不兼容或者两个功能所需资源冲突等，而 $\mathrm{AAS}_{ij} \neq 1$ 则相反。

定义应用的集合为 App。依据文献[141]和[142]中所述的请求表示方法，本节定义应用请求为 $\left\langle \mathrm{App_{id}}, S_s^{\mathrm{App_{id}}}, S_d^{\mathrm{App_{id}}}, \mathrm{SNF}^{\mathrm{App_{id}}}, \mathrm{BD}^{\mathrm{App_{id}}} \right\rangle$。其中，$\mathrm{App_{id}}$ 为应用的唯一标识，$\mathrm{App_{id}} \in \mathrm{App}$；$\mathrm{SNF}^{\mathrm{App_{id}}}$ 为 $\mathrm{App_{id}}$ 所需求的 SNFs 集合，

$\mathrm{SNF}^{\mathrm{App_{id}}} \subseteq \mathrm{SNF}$；$\mathrm{BD}^{\mathrm{App_{id}}}$ 为 $\mathrm{App_{id}}$ 的带宽需求；$S_s^{\mathrm{App_{id}}}$ 和 $S_d^{\mathrm{App_{id}}}$ 分别表示 $\mathrm{App_{id}}$ 的通信源端和目的端交换机。

定义交换机 S_l 和 S_k 之间 Z 条最短路径的集合为 P^{S_l,S_k}，$S_l,S_k \in S$，$Z \in \mathbf{N}_+$。定义一条路径 $P_j^{S_l,S_k}\left(P_j^{S_l,S_k} \in P^{S_l,S_k}\right)$ 为 $\left\langle S^{P_j^{S_l,S_k}}, L^{P_j^{S_l,S_k}} \right\rangle$，$S^{P_j^{S_l,S_k}}$ 和 $L^{P_j^{S_l,S_k}}$ 分别为 $P_j^{S_l,S_k}$ 上的交换机和链路的集合，$S^{P_j^{S_l,S_k}} \subseteq S$，$L^{P_j^{S_l,S_k}} \subseteq L$。

8.3.3　基于长期预测的功能部署

长期预测主要针对那些已经连续多个时间周期都被某交换机需求和使用的 SNFs。假设 $\mathrm{RNS}_j^{l,t}$ 表示功能 SNF_j 在交换机 S_l 中第 t 个时间周期内被请求的次数，可得第 t 个时间周期内 SNF_j 对 S_l 的流行度，定义如下：

$$\mathrm{APSS}_j^{l,t} = \frac{\mathrm{RNS}_j^{l,t}}{\sum\limits_{\mathrm{SNF}_j \in \mathrm{SNF}} \mathrm{RNS}_j^{l,t}} \tag{8.1}$$

则在第 t+1 个时间周期内 SNF_j 对 S_l 的流行度可以依据最近连续的 t 个时间周期内 SNF_j 对 S_l 的实际流行度获得，$t \in \mathbf{N}_+$，预测模型定义如下：

$$\mathrm{PPSS}_j^{l,t+1} = \sum_{b=1}^{t} \alpha_b \cdot \mathrm{PPSS}_j^{l,b} + \beta \tag{8.2}$$

其中，$\alpha_1,\alpha_2,\cdots,\alpha_t$ 分别为 $\mathrm{APSS}_j^{l,1},\mathrm{APSS}_j^{l,2},\cdots,\mathrm{APSS}_j^{l,t}$ 的回归系数，β 为常数。定义 $A=\left[\alpha_1,\alpha_2,\cdots,\alpha_t,\beta\right]$，$A$ 中各元素可以利用最小二乘法依据功能放置模块所记录的 SNF_j 对 S_l 的实际流行度来计算获得，具体过程如下所述。

依据功能放置模块中相应的交换机反馈信息，定义从第 x 个时间周期到第 y 个时间周期 SNF_j 对 S_l 的实际流行度集合为 $\mathrm{APSS}_j^{l,(x,y)} = \left\{\mathrm{APSS}_j^{l,x},\mathrm{APSS}_j^{l,x+1},\cdots,\mathrm{APSS}_j^{l,y}\right\}$，$y-x=2t+1$，建立矩阵 M 如下所示：

$$M = \begin{bmatrix} \mathrm{APSS}_j^{l,x} & \mathrm{APSS}_j^{l,x+1} & \cdots & \mathrm{APSS}_j^{l,x+t} & 1 \\ \mathrm{APSS}_j^{l,x+1} & \mathrm{APSS}_j^{l,x+2} & \cdots & \mathrm{APSS}_j^{l,x+t+1} & 1 \\ \vdots & \vdots & & \vdots & \vdots \\ \mathrm{APSS}_j^{l,x+t} & \mathrm{APSS}_j^{l,x+t+1} & \cdots & \mathrm{APSS}_j^{l,x+2t} & 1 \end{bmatrix} = \begin{bmatrix} M_x \\ M_{x+1} \\ \vdots \\ M_{x+t} \end{bmatrix} \tag{8.3}$$

其中，在第 $(x+t+1),(x+t+2),\cdots,(x+2t+1)$ 这些时间周期内，SNF_j 对 S_l 的实际流行度为 $Y=\left[\mathrm{APSS}_j^{l,x+t+1},\mathrm{APSS}_j^{l,x+t+2},\cdots,\mathrm{APSS}_j^{l,x+2t+1}\right]$，依据式(8.2)可得 SNF_j 对 S_l 的预测流行度为 $\left[M_x A^{\mathrm{T}},\ M_{x+1}A^{\mathrm{T}},\cdots,\ M_{x+t}A^{\mathrm{T}}\right]$，定义 E_A 如下所示：

$$E_A=\left(Y-MA^{\mathrm{T}}\right)^{\mathrm{T}}\cdot\left(Y-MA^{\mathrm{T}}\right) \tag{8.4}$$

则当 E_A 达到最小时可以获得 A，如下所示：

$$\frac{\partial E_A}{\partial A}=\frac{\partial\left(Y-MA^{\mathrm{T}}\right)^{\mathrm{T}}\left(Y-MA^{\mathrm{T}}\right)}{\partial A}=0 \tag{8.5}$$

由此，获得某 SNF 对某个交换机在下个时间周期内流行度的预测结果，假设 TPSS 为判断某 SNF 对某个交换机在下个时间周期内必要程度的阈值，则在第 t+1 个时间周期内需要被部署在 S_l 中的 SNFs 集合定义为 $\mathrm{SNF}^{l,t+1}$，且满足对任意的 $\mathrm{SNF}_j\in\mathrm{SNF}^{l,t+1}$，必有 $\mathrm{PPSS}_j^{l,t+1}\geqslant\mathrm{TPSS}$。

8.3.4 基于短期预测的功能部署

面向短期预测，本节使用 SNFs 在某个交换机中日需求数量增长率，预测在下个自然日该交换机中将会流行的 SNFs，并把这些依据短期预测将会流行的 SNFs 在下个自然日开始前部署到该交换机中。在本节中，假设短期预测的下个自然日为长期预测中第 t+1 个时间周期中的一天。

对于功能 SNF_i（$\mathrm{SNF}_i\in\mathrm{SNF},\mathrm{SNF}_i\notin\mathrm{SNF}^{l,t+1}$），过去最近 m 天里其在 S_l 中被需求的次数记作 $\mathrm{TRNS}_i^{l,m}$，则 SNF_i 在 S_l 中日需求增长数量定义如下：

$$\mathrm{DIRNS}_i^{l,h}=\begin{cases}\mathrm{TRNS}_i^{l,1}, & h=1\\ \mathrm{TRNS}_i^{l,h}-\mathrm{TRNS}_i^{l,h-1}, & 1<h\leqslant m\end{cases} \tag{8.6}$$

SNF_i 在 S_l 中第 h 天的请求增长率定义如下：

$$\mathrm{GRS}_i^{l,h}=\frac{\mathrm{DIRNS}_i^{l,h}}{\mathrm{TRNS}_i^{l,m}},\quad 1\leqslant h\leqslant m \tag{8.7}$$

在短期预测中，如果满足如下条件，SNF_i 在第 m+1 天(即下个自然日)被认为是日益流行的：

$$\mathrm{DIRNS}_i^{l,m} \geqslant T \tag{8.8}$$

$$\mathrm{GRS}_i^{l,h} \geqslant \mathrm{GRS}_i^{l,h-1},\ 1<h \leqslant m \tag{8.9}$$

其中，$T \in \mathbf{N}_+$ 为流行度阈值。由此，若 SNF_i 满足式(8.8)和式(8.9)，则设置 SNF_i 在第 m+1 天被预测的流行度标签为 $\mathrm{PPL}_i^{l,m+1}=1$。

本节考虑尽可能多的提前部署未来时间内可能被大量需求的(即流行的)SNFs。定义 $\mathrm{SNF}^{l,t+1}(m+1)$ 为在第 m+1 天之前(即这个自然日刚开始时)需要被部署在 S_l 中的 SNFs 集合，$\mathrm{NSNF}^{l,t+1}(m+1)$ 为该集合的元素个数。依据如下表达式和约束条件，可以获得 $\mathrm{SNF}^{l,t+1}(m+1)$：

$$\max \frac{\mathrm{NSNF}^{l,t+1}(m+1)}{\sum\limits_{\mathrm{SNF}_i \in \mathrm{SNF}^{l,t+1}(m+1)} \mathrm{PC}^{\mathrm{SNF}_i}} \tag{8.10}$$

s.t.

$$\forall \mathrm{SNF}_i \in \mathrm{SNF}^{l,t+1}(m+1),\quad \mathrm{PPL}_i^{l,m+1}=1 \tag{8.11}$$

$$\forall \mathrm{SNF}_i \in \mathrm{SNF}^{l,t+1}(m+1), \forall \mathrm{SNF}_j \in \mathrm{SNF}^{l,t+1},\quad \mathrm{AAS}_{ij} \neq 1 \tag{8.12}$$

$$\begin{gathered}\forall \mathrm{SNF}_i \in \mathrm{SNF}^{l,t+1}(m+1), \forall \mathrm{SNF}_j \in \mathrm{SNF}^{l,t+1}(m+1), \mathrm{SNF}_i \neq \mathrm{SNF}_j, \\ \mathrm{AAS}_{ij} \neq 1\end{gathered} \tag{8.13}$$

$$\sum_{\mathrm{SNF}_i \in \mathrm{SNF}^{l,t+1}(m+1)} \mathrm{PC}^{\mathrm{SNF}_i} \leqslant \mathrm{PCS}_l - \sum_{\mathrm{SNF}_j \in \mathrm{SNF}^{l,t+1}} \mathrm{PC}^{\mathrm{SNF}_j} \tag{8.14}$$

依据上述约束条件(即式(8.11)、式(8.12)、式(8.13)和式(8.14))满足式(8.10)，使尽量多的未来可能被大量需求的 SNFs 提前部署到每个交换机中。由此，可以获得满足长期预测中流行条件或短期预测中流行条件的 SNFs 集合，记作 $\mathrm{SNF}^{l,t+1} \cup \mathrm{SNF}^{l,t+1}(m+1)$，并且第 m+1 天开始前 $\mathrm{SNF}^{l,t+1} \cup \mathrm{SNF}^{l,t+1}(m+1)$ 中 SNFs 需要被部署在 S_l 中。

8.3.5 网络功能实时部署

假设当前(实时)已经被部署在 S_l 中的 SNFs 集合定义为 RSNF^l，当前 S_l 已经被占用的处理能力定义为 RPCS_l，当前 L_e 已经被占用的带宽为 RBL_e。对于应用请求 $\left\langle \mathrm{App}_i, S_s^{\mathrm{App}_i}, S_d^{\mathrm{App}_i}, \mathrm{SNF}^{\mathrm{App}_i}, \mathrm{BD}^{\mathrm{App}_i} \right\rangle$，如果 App_i 的一条可行通信路径满足如下所示条件：

$$\begin{gathered}\exists P_j^{S_s^{\mathrm{App}_i}, S_d^{\mathrm{App}_i}} \in P^{S_s^{\mathrm{App}_i}, S_d^{\mathrm{App}_i}}, \forall L_e \in L^{P_j^{S_s^{\mathrm{App}_i}, S_d^{\mathrm{App}_i}}}, \exists S_l \in S^{P_j^{S_s^{\mathrm{App}_i}, S_d^{\mathrm{App}_i}}}, \\ \mathrm{BD}^{\mathrm{App}_i} \leqslant \mathrm{BL}_e - \mathrm{RBL}_e, \mathrm{SNF}^{\mathrm{App}_i} \subseteq \mathrm{RSNF}^l\end{gathered} \tag{8.15}$$

则该应用请求可以被直接接受，并依据其需求在通信路径上为该应用组装定制化的路由服务；否则，若 App_i 的一条通信路径满足如下所示条件：

$$\begin{aligned}&\exists P_j^{S_s^{\mathrm{App}_i}, S_d^{\mathrm{App}_i}} \in P^{S_s^{\mathrm{App}_i}, S_d^{\mathrm{App}_i}}, \forall L_e \in L^{P_j^{S_s^{\mathrm{App}_i}, S_d^{\mathrm{App}_i}}}, \exists S_l \in S^{P_j^{S_s^{\mathrm{App}_i}, S_d^{\mathrm{App}_i}}}, \\ &\forall \mathrm{SNF}_a \in \mathrm{SNF}^{\mathrm{App}_i}, \forall \mathrm{SNF}_b \in \mathrm{RSNF}^l, \\ &\qquad \mathrm{BD}^{\mathrm{App}_i} \leqslant \mathrm{BL}_e - \mathrm{RBL}_e,\ \mathrm{AAS}_{ab} \neq 1, \\ &\qquad \sum_{\mathrm{SNF}_k \in (\mathrm{SNF}^{\mathrm{App}_i} - \mathrm{SNF}^{\mathrm{App}_i} \cap \mathrm{RSNF}^l)} \mathrm{PC}^{\mathrm{SNF}_k} \leqslant \mathrm{PCS}_l - \mathrm{RPCS}_l\end{aligned} \tag{8.16}$$

则集合 $\mathrm{SNF}^{\mathrm{App}_i} - \mathrm{SNF}^{\mathrm{App}_i} \cap \mathrm{RSNF}^l$ 中的 SNFs 需要被即时地部署在 S_l 中来支持 App_i 的通信活动，直到该应用通信结束。如果存在多条通信路径可以满足式(8.15)或式(8.16)，则选择在平均带宽利用率最低的路径上为该应用组装并提供定制化的路由服务。

通常来说，一个被实时部署的 SNF 当满足短期预测甚至长期预测所要求的流行度条件时，该 SNF 可以作为一个短期预测甚至长期预测中流行的功能被提前部署在相应的交换机中。

8.4 实验设置和性能评估

8.4.1 实验设置

为实现本章提出的 NFAD 系统机制，选择 Floodlight 和 Click Modular

Router 分别作为控制器和交换机，多样化的 SNFs 利用 ClickOS 进行仿真。ClickOS 基于 Click Modular Router，可以作为支持 NFV 的平台。ClickOS 能够建立一系列小型的虚拟机(如仅 6MB 大小)，每个虚拟机作为一个 SNF 的宿主，由此，可以在每个 ClickOS 虚拟机中运行一个 SNF。

在实验中，设计了一种为交换机生产应用请求的实例。考虑到网络应用作为一种软件产品，依据 Shifted Gompertz distribution[143]，网络应用的流行模式也遵循软件产品的生命周期。把应用对 SNFs 的需求依据五种应用场景或通信模式分为五种类型，并且假设每种类型主要面向一种通信特性，如安全性(如敏感信息传输类)、可恢复性(如应急通信类)、稳定性(如远程医疗手术类)、高交互性(如视频会议类)和完整性(如批量数据传输类)。例如，Firewall(防火墙)、IPsec(IP 安全协议)、IDS(入侵检测)和 DPI(深度报文检测)是安全相关的 SNFs。假设一个交换机依据其工作地理位置主要面向某种应用场景，如连接财务机构的交换机主要面向安全特性。另外，假设每个应用可以同时请求 1、2 或 3 个 SNFs。对于一个交换机，依据 Shifted Gompertz distribution 生成应用请求，与该交换机应用场景类型相同的应用请求的生存周期设置为 200 个单位时间(针对长期预测流行的应用)、选择另外两种类型的应用并且它们请求的生存周期设置为 10 个单位时间(针对短期预测流行的应用)和最后两种类型的应用请求的生存周期设置为 1 个单位时间(针对实时偶发的应用)。同时，设置 7 个时间单位为一个长期预测周期，1 个时间单位为一个短期预测时间间隔。以 INTERNET2 为仿真实验拓扑，并且上述五种类型应用的请求在各节点处随机生成。选择相关工作中另外两种网络功能部署机制 DPVNF(虚拟化的网络功能动态放置)[85]和 TAMP(流量感知的中间件放置)[144]与本章的 NFAD 系统机制进行性能评价及对比，对比指标包括功能命中率(function hit rate, FHR)、响应时间(RT)和接入成功率(ASR)。

8.4.2　性能评估

1. FHR

FHR 是指被应用所需求的 SNFs 已经被部署在相应交换机中的概率，三种机制的对比结果如图 8.2 所示。

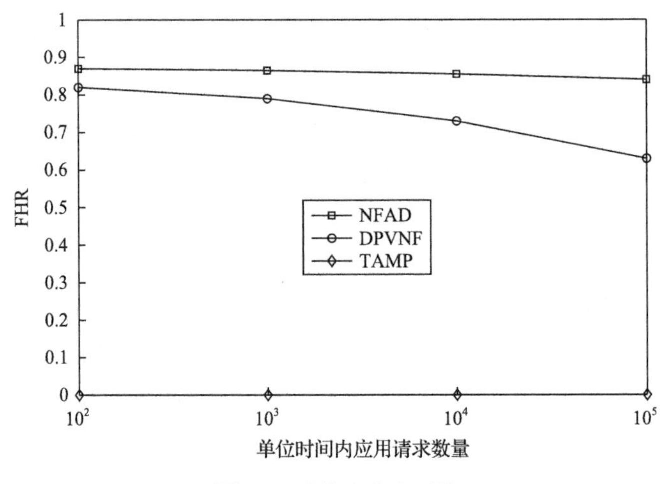

图 8.2　功能命中率对比

NFAD 的 FHR 最高，紧接着是 DPVNF 和 TAMP。这是因为 NFAD 和 DPVNF 能够通过相应的预测机制把将来时间段内可能会被大量需求 SNFs 提前部署在相应的交换机中，有效地提高了 FHR，而 TAMP 只能依据应用请求实时地部署所需的 SNFs 到相应的交换机中，故其 FHR 最低。NFAD 的 FHR 又高于 DPVNF，这是因为 DPVNF 主要依据网络的流量特性对可能用到的 SNFs 进行提前部署，而 NFAD 关注于应用对 SNFs 的需求特性来预测 SNFs 的流行度，并针对应用场景或通信特性来提前部署 SNFs，进一步提高了 FHR。

2. RT

RT 是指从收到应用请求到该应用被接受(即可以在其通信路径上提供定制化的路由服务)所用的时间，其包括请求分析时间(request analysis time, RAT)和功能调用时间(function allocation time, FAT)，三种机制的对比结果如图 8.3 所示。

NFAD 的 RT 最小，而且 NFAD 的 FAT 明显小于 DPVNF 和 TAMP。这是因为 NFAD 和 DPVNF 可以通过预测机制提前把合适的 SNFs 部署到相应交换机中，有效减小了 FAT，然而 TAMP 只实时部署 SNFs 使 FAT 大大增加。NFAD 的 RT 优于 DPVNF 的原因是，NFAD 的预测机制不仅包含了预测 SNFs 短期流行度的方案，还结合了预测 SNFs 长期流行度的方案，而 DPVNF 只面向短期(即下个时间间隔)进行预测。

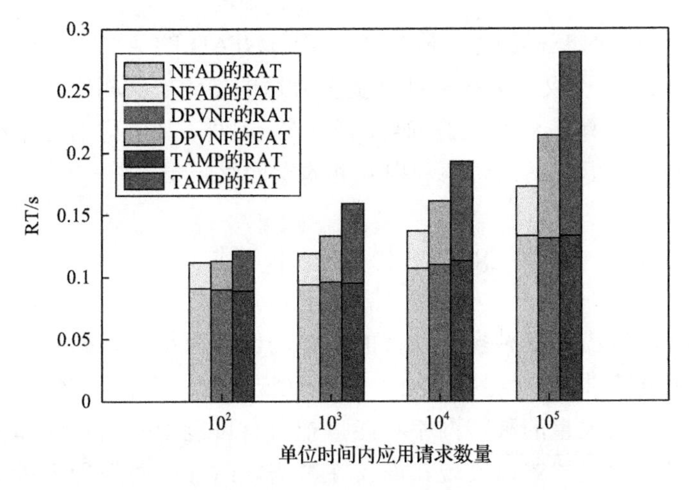

图 8.3　响应时间对比

3. ASR

ASR 是指能够在要求响应时间内被提供服务的应用与全部发出请求的应用之间的比值，三种机制的对比结果如图 8.4 所示。

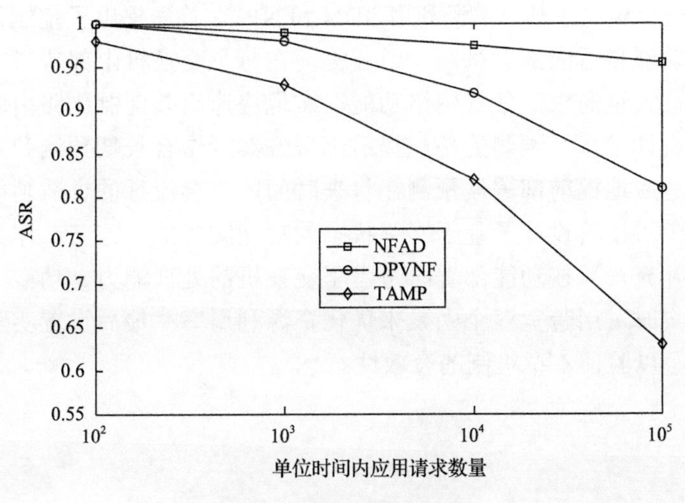

图 8.4　接入成功率对比

NFAD 的 ASR 最高，紧接着是 DPVNF 和 TAMP。TAMP 只能一个接一个处理应用请求并即时地部署所需的 SNFs，当应用请求的数目大量增长时，该机制因为需要同时部署过多的 SNFs 而容易导致严重的服务延迟，使很多应用无法及时获得服务，降低了 ASR。NFAD 的 ASR 高于 DPVNF，这是因为 NFAD 不仅可以提前部署更多合适的 SNFs 到相应的交换机中，而且其还支持对所需 SFNs 的实时部署方案，另外，其考虑的三个约束和优化条件也能有效提高网络资源利用率并均衡网络流量，进一步提高了 ASR。

8.5 本章小结

当前互联网需要多种多样独特的网络功能在简单的数据分组转发操作之上提供不同特性的分组处理操作，如保证安全性、支持可靠性和改善 QoS 等，然而，面向大量的独特网络功能，把所有可能用到的功能都提前部署到每个交换机中显然难以实现，而仅在被需求时才即时地把大量所需功能实时地部署到各交换机中又可能会导致严重的延迟或拥塞问题。事实上，不同的交换机对独特功能的需求情况与该交换机所在的地理位置或所处的时间范围(即应用场景或通信模式)有很大关系，由此可以作为判断各功能在未来时间周期内被该交换机需求和使用的可能性，并以此作为自适应地提前部署合适功能的依据。

基于软件定义思想，本章利用 SDN 和 NFV，首先提出了定制化路由服务中网络功能自适应部署机制，通过提前在每个交换机中部署未来时间周期内可能被大量需求的独特网络功能，实现快速组装定制化路由服务的目标；然后设计了基于预测的功能提前部署方案，结合长期预测和短期预测方法，自适应地提前部署被预测在将来时间段内会流行的合适功能到各相应交换机中；接着设计了基于网络状态的功能实时部署方案，作为提前部署方案的补充，并在功能部署时考虑了交换机的处理能力、功能间互斥关系和链路实时可用带宽三个因素来优化资源利用率；最后设置实验并进行性能评估，以验证本章机制的有效性。

第9章　总结与展望

近年来，越来越多的用户对信息快速分享、实时便捷交流和服务高速获取等需求带来互联网技术的飞速发展，同时也带来了大规模、多模式、非均衡和更加频繁的网络动态变化，大量新型网络应用的爆炸式增长使用户对路由服务定制化的需求越来越迫切，而传统的路由服务配置模式显然难以为继，促使互联网亟需一种较低投资、较高时间价值、可扩展且可持续发展的方式来快速地、灵活地、动态地开展自适应路由服务定制化机制研究。

9.1　总　　结

本书从软件定义角度出发，结合 DSPL、SDN 和 NFV，面向一系列关键且急需解决的问题和挑战，从规模化、大数据、可学习、市场化和可预测等方面提出了软件定义的自适应路由服务定制机制研究和实现方案。本书的主要研究工作和贡献可以归纳为以下几点。

(1)提出了一种自适应路由服务规模化定制机制，在面向大规模用户的独特需求时，使 ISP 从每次都单独地为每个需求独立定制每个路由服务的繁重任务及高昂成本中解脱出来。

基于 DSPL 设计了多样化的路由服务产品线模型，通过对各类型路由服务的共性和特性进行定义和描述，构建了规模化定制路由服务的基础。设计了路由服务产品线属性模型，以非功能层中 ISP 和用户的需求情形指导功能属性层中多样化网络功能的选择；设计了路由服务产品线一致性正交变化模型，实现路由服务设计、组装、运行和维护过程中快速调整、扩展和优化的目的。另外，对路由服务定制进行了形式化的定义和描述，并以此抽象过程作为路由服务开发的基础，同时，设计了一个优化 ISP 利润的服务定制和定价案例。

(2)提出了一种大数据驱动的自适应路由服务定制机制，利用网内大数据带来的数据间关联关系新范式，促进解决自适应路由服务定制中服务质量优化、资源分配优化和功能选择优化等挑战。

利用用户对不同类型网络应用的通信需求领域知识，基于 DSPL 构建了用户需求属性模型，用来把用户在多维护状态下非专业的通信需求映射为可被 ISP 识别的准确需求。利用大量不同类型网络应用的通信流状态数据，各类型流传输过程中各项需求参数的实时值、变化量和由此引起的用户体验变化情况，驱动生成体验-参数值分布模型和体验对各参数的依赖性关系模型，用来指导网络功能选择和实时服务调整。另外，设计了 ISP 和用户对服务组装方案和服务定价方案的偏好评估模型，并以此分别设计了两种针对不同网络资源供给状态下的博弈策略，达到使 ISP 和用户利益共赢的目的。

(3) 提出了可持续学习及优化的自适应路由服务定制机制，支持从大量各种各样独特的网络功能中选择合适的功能及组合方式，来组装定制化的路由服务，并且使选择及定制过程具备依据反馈信息不断学习的能力，达到针对性的持续优化用户服务体验的目的。

依据构成路由服务的各功能组件领域知识，基于 DSPL 构建了多粒度的功能属性模型，作为依据需求特性从通用化功能到专用化功能进行训练及优化的基础。引入机器学习思想，设计了路由服务离线学习模式和在线学习模式，两阶段学习模式是进阶式而非两个独立的学习过程，分别利用 ISP 配置各通用路由服务的历史经验信息和针对用户独特需求时功能选择以及用户的体验反馈情况，使构成定制化路由服务的专用化网络功能选择及组合方式不断优化，从而持续地改善用户的服务体验。

(4) 提出了市场驱动的自适应路由服务定制及供给机制，网络运营商通过把底层网络资源租用给多个具有不同技术特性和市场定位的 ISP，考虑 ISP 之间的竞争和合作关系、ISP 和用户之间的利益均衡关系，使应用和服务之间进行自适应双向匹配，提高底层资源利用率，并使 ISP 和用户达到利益均衡。

设计了用户效用评估模型，主要面向三个因素考虑用户对候选路由服务选择情况。设计了路由服务定价策略，利用固定价格和浮动价格，在考虑用户选择度的前提下制定合理的价格，优化 ISP 利润。面向大量应用请求同时到来，而单个 ISP 难以支持所有任务的情形，提出了多 ISP 之间的合作模式，设计了多应用和多服务之间的高效匹配算法，并且利用帕累托效率对匹配结果进一步优化，使之到达当前网络状态下用户效用最优同时保证 ISP 的利润也最高，而且，对匹配结果进行了证明。

(5)提出了定制化路由服务中网络功能的自适应部署机制，针对在哪些交换机中部署哪些网络功能可以快速地按需组装定制化路由服务。因为交换机有限的存储和计算能力，把所有可能的网络功能都部署到每个交换机中显然不可行，而仅即时部署大量实时所需功能又会引起严重的延迟和拥塞问题。

设计了基于预测的网络功能提前部署方案，用来把大部分未来可能被大量需求的网络功能提前部署到各交换机中。其中，长期预测模型主要针对交换机的应用场景或通信模式，用来预测交换机较长时间周期内频繁使用的网络功能；短期预测主要针对流行一时的应用所需的功能，通过各交换机中功能的日需求增长率来判断短时间周期内可能比较流行的功能。设计了基于网络状态的网络功能实时部署方案，作为提前部署方案的补充，并且考虑了交换机的处理能力、功能间互斥关系和链路实时带宽来优化功能部署位置，从而改善资源利用率。

9.2　展　　望

基于软件定义的思想可以应对未来互联网中自适应路由服务的定制问题，然而仍有许多问题需要进一步研究和改进，后期可以基于已有的工作做进一步的深入研究，将后续工作分为以下几点开展。

(1)面向用户独特的需求对多样化的网络功能进行动态选择，以功能组装的方式合成定制化的路由服务，可以针对性地改善用户的服务体验。然而，面向频繁变化的网络状态和网络资源供给情况，仅依赖功能组装并不能完全适应更细粒度的需求情形和改善资源的利用率，需要进一步开展服务定制时网络资源自适应分配机制的研究工作，并通过资源与功能的一体化装配来解决上述问题。

(2)随着网络规模的持续扩大，利用规模化定制机制可以有效解决快速定制大量差异化路由服务的目标。然而，网络规模扩大也意味着服务决策中心所承担的任务越加繁重，需要进一步开展控制平面任务处理机制的研究工作，例如，如何对控制平面中多个控制器所承担任务进行合理分配，如何使多个控制器以联动的方式进行决策，以及如何在各控制器中利用并行化方案进行决策等，以便应对更大规模服务定制的挑战。

(3)路由服务的定制化机制主要考虑了用户对服务质量的体验情况，然而，在服务的设计、定制、运行和维护过程中，针对可能出现的安全性和可靠性问题，还需要进一步开展保证路由服务安全性和可靠性机制的研究工作，从而结合性能、安全、可靠等设计可行的路由服务定制化方案。

通过上述后续工作，可以更进一步地推进和完善软件定义的路由服务自适应定制研究，持续有效地优化网络服务质量等问题。

参考文献

[1] Feamster N, Balakrishnan H, Rexford J, et al. The case for separating routing from routers[C]. Proceedings of the ACM SIGCOMM Workshop on Future Directions in Network Architecture, Portland, 2004: 5-12.

[2] Yang L, Dantu R, Anderson T, et al. Forwarding and control element separation (ForCES) framework[R/OL]. https://www.rfc-editor.org/info/rfc3746. [2020-12-01].

[3] Greenberg A, Hjalmtysson G, Maltz D A, et al. A clean slate 4D approach to network control and management[J]. Computer Communication Review, 2005, 35 (5) : 41-54.

[4] Casado M, Freedman M J, Pettit J, et al. Ethane: Taking control of the enterprise[J]. Computer Communication Review, 2007, 34 (7) : 1-12.

[5] Casado M, Garfinkel T, Akella A, et al. SANE: A protection architecture for enterprise networks[C]. The 15th Conference on USENIX Security Symposium, Vancouver, 2006, 15: 10.

[6] Thomas N D, Ken G. SDN: Software Defined Networks[M]. Sebastopol: O'Reilly Media Inc., 2013.

[7] Xia M, Shirazipour M, Zhang Y, et al. Optical service chaining for network function virtualization[J]. IEEE Communications Magazine, 2015, 53 (4) : 152-158.

[8] Bencomo N, Hallsteinsen S, Almeida E S. A view of the dynamic software product line landscape[J]. Computer, 2012, 45 (10) : 36-41.

[9] Kreutz D, Ramos F M V, Verissimo P, et al. Software-defined networking: A comprehensive survey[J]. Proceedings of the IEEE, 2015, 103 (1) : 14-76.

[10] Mijumbi R, Serrat J, Gorricho J, et al. Network function virtualization: State-of-the-art and research challenges[J]. IEEE Communications Surveys and Tutorials, 2015, 18 (1) : 236-262.

[11] Barona López L I, Carcía Villalba L J, Valdivieso Caraguay Á L, et al. Trends on virtualisation with software defined networking and network function virtualisation[J]. IET Networks, 2015, 4 (5) : 255-263.

[12] Clark D D, Fang W. Explicit allocation of best-effort packet delivery service[J]. IEEE/ACM Transactions on Networking, 1998, 6 (4) : 362-373.

[13] Braden R, Clark D. Integrated services in the internet architecture: An overview[R/OL]. https://www.rfc-editor.org/info/rfc1633. [2020-12-01].

[14] Nichols K, Jacobson V, Zhang L, et al. A two-bit differentiated services architecture for the Internet[R/OL]. http://mirrors.zju.edu.cn/rfc/rfc2638.html. [2020-12-01].

[15] Wu J, Zhang Z F, Hong Y, et al. Cloud radio access network (C-RAN): A primer[J]. IEEE Network, 2015, 29(1): 35-41.

[16] Lee J, Kotonya G, Robinson D. Engineering service-based dynamic software product lines[J]. Computer, 2012, 45(10): 49-55.

[17] Hallsteinsen S, Hinchey M, Park S, et al. Dynamic software product lines[J]. Computer, 2008, 41(4): 93-95.

[18] Bosch J, Capilla R. Dynamic variability in software-intensive embedded system families[J]. Computer, 2012, 45(10):28-35.

[19] Baresi L, Guinea S, Pasquale L. Service-oriented dynamic software product lines[J]. Computer, 2012, 45(10): 42-48.

[20] 王广昌. 软件产品线关键方法与技术研究[D]. 杭州: 浙江大学, 2001.

[21] Kang K C, Cohen S, Hess J A, et al. Feature-oriented domain analysis (FODA) feasibility study[R/OL]. https://resources.sei.cmu.edu/library/asset-view.cfm?assetid=11231. [2020-12-01].

[22] Griss M L, Favaro J, Alessandro M. Integrating feature modeling with the RSEB[C]. The fifth International Conference on Software Reuse, Victoria, 1998: 96.

[23] Bayer J, Flege O, Knauber P, et al. PuLSE: A methodology to develop software product lines[C]. The Symposium on Software Reusability, Los Angeles, 1999: 122-131.

[24] Atkinson C, Bayer J, Muthig D. Component-based product line development: The KobrA approach[C]. The First Conference on Software Product Lines: Experience and Research Directions: Experience and Research Directions, Denver, 2000: 289-309.

[25] Smith D, Brien L, Bergey J. Using the options analysis for reengineering (OAR) method for mining components for a product line[C]. The Second International Conference on Software Product Lines, San Diego, 2002: 316-327.

[26] Stoermer C, Brien L. MAP-mining architectures for product line evaluations[C]. IEEE/IFIP Conference on Software Architecture, Amsterdam, 2001: 35.

[27] Carpenter B. Middleboxes: Taxonomy and issues[R/OL]. https://www.rfc-editor.org/info/rfc3234. [2020-12-01].

[28] 赵河, 华一强, 郭晓琳. NFV 技术的进展和应用场景[J]. 邮电设计技术, 2014, 6: 62-67.

[29] Chiosi M, Clarke D, Feger J, et al. Network functions virtualisation: An introduction, benefits, enablers, challenges and call for action[C]. SDN and OpenFlow World Congress, Berkeley, 2012: 1-16.

[30] Li Y, Chen M. Software-defined network function virtualization: A survey[J]. IEEE Access, 2015, 3: 2542-2553.

[31] Aalst W M P, Dumas M, Hofstede A H M. Web service composition languages: Old wine in new bottles?[C]. The 29th Conference on Euromicro, Belek-Antalya, 2003: 298.

[32] Pires P F, Benevides M R F, Mattoso M. Building reliable web services compositions[M]//Unland R. Web, Web-Services, and Database Systems. Berlin: Springer, 2002: 59-72.

[33] Zeng L Z, Benatallah B, Ngu A H H, et al. QoS-aware middleware for web services composition[J]. IEEE Transactions on Software Engineering, 2004, 30(5): 311-327.

[34] Milanovic N, Malek M. Current solutions for web service composition[J]. IEEE Internet Computing, 2004, 8(6): 51-59.

[35] Woeginger G J. Exact algorithms for NP-hard problems: A survey[M]//Jünger M, Reinelt G, Rinaldi G. Combinatorial Optimization—Eureka, You Shrink! Berlin: Springer, 2003: 185-207.

[36] Huang Z, Jiang W, Hu S, et al. Effective pruning algorithm for QoS-aware service composition[C]. IEEE Conference on Commerce and Enterprise Computing, Vienna, 2009: 519-522.

[37] Alrifai M, Risse T, Nejdl W. A hybrid approach for efficient web service composition with end-to-end QoS constraints[J]. ACM Transactions on the Web, 2012, 6(2): 1-31.

[38] Li Y, Huai J, Deng T, et al. QoS-aware service composition in service overlay networks[C]. IEEE International Conference on Web Services, Salt Lake City, 2007: 703-710.

[39] Yu T, Zhang Y, Lin K J. Efficient algorithms for web services selection with end-to-end QoS constraints[J]. ACM Transactions on the Web, 2007, 1(1): 1-26.

[40] Gabrel V, Manouvrier M, Murat C. Optimal and automatic transactional web service composition with dependency graph and 0-1 linear programming[C]. International Conference on Service-Oriented Computing, Paris, 2014: 108-122.

[41] Wan C, Ullrich C, Chen L, et al. On solving QoS-aware service selection problem with service composition[C]. The 7th International Conference on Grid and Cooperative Computing, Shenzhen, 2008: 467-474.

[42] Gao Y, Na J, Zhang B, et al. Optimal web services selection using dynamic programming[C]. The 11th IEEE Symposium on Computers and Communications, Cagliari, 2006: 365-370.

[43] Ardagna D, Pernici B. Adaptive service composition in flexible processes[J]. IEEE Transactions on Software Engineering, 2007, 33(6): 369-384.

[44] Yang X S. Harmony search as a metaheuristic algorithm[M]//Geem Z W. Music-Inspired Harmony Search Algorithm. Berlin: Springer, 2009, 191: 1-14.

[45] Yan L, Mei Y, Ma H, et al. Evolutionary web service composition: A graph-based memetic algorithm[C]. IEEE Congress on Evolutionary Computation, Vancouver, 2016: 201-208.

[46] Bhattacharya A, Sen S, Sarkar A, et al. Hierarchical graph based approach for service composition[C]. IEEE International Conference on Industrial Technology, Taipei, 2016: 1718-1722.

[47] Moustafa A, Zhang M. Multi-objective service composition using reinforcement learning[C]. The 11th International Conference on Service-Oriented Computing, Berlin, 2013: 298-312.

[48] 汤萍萍, 王红兵. 基于强化学习的 Web 服务组合[J]. 计算机技术与发展, 2008, 18(3): 142-144.

[49] Torkashvan M, Haghighi H. A greedy approach for service composition[C]. The 6th International Symposium on Telecommunications, Tehran, 2012: 929-935.

[50] Wang A, Ma H, Zhang M. Genetic programming with greedy search for web service composition[C]. International Conference on Database and Expert Systems Applications, Prague, 2013: 9-17.

[51] Giedrimas V, Sakalauskas L. Simulated annealing and variable neighborhood search algorithm for automated software services composition[C]. The 35th International Convention on Information and Communication Technology, Electronics and Microelectronics, Opatija, 2012: 395-399.

[52] Zhang K, Zhang H, Jiang L M, et al. Composite agent service selection algorithm for non-functional attributes based on simulated annealing[C]. The Second World Congress on Software Engineering, Wuhan, 2010: 101-106.

[53] Hwang S, Hsu C, Lee C. Service selection for web services with probabilistic QoS[J]. IEEE Transactions on Services Computing, 2015, 8(3): 467-480.

[54] Tang M, Ai L. A hybrid genetic algorithm for the optimal constrained web service selection problem in web service composition[C]. IEEE Congress on Evolutionary Computation, Barcelona, 2010: 268-275.

[55] Wang H, Ma P, Zhou X. A quantitative and qualitative approach for NFP-aware web service composition[C]. IEEE 9th International Conference on Services Computing, Honolulu, 2012: 202-209.

[56] 张成文, 苏森, 陈俊亮. 基于遗传算法的 QoS 感知的 Web 服务选择[J]. 计算机学报, 2006, 29(7): 1029-1037.

[57] Pop C B, Chifu V R, Salomie I, et al. Ant-inspired technique for automatic web service composition and selection[C]. The 12th International Symposium on Symbolic and Numeric Algorithms for Scientific Computing, Timisoara, 2010: 449-455.

[58] Zhao S S, Wang L, Ma L, et al. An improved ant colony optimization algorithm for QoS-aware dynamic web service composition[C]. QoS-based Dynamic Web Service Composition with Ant Colony Optimization, Xi'an, 2012: 1998-2001.

[59] Zhang W, Chang C K, Feng T, et al. QoS-based dynamic web service composition with ant colony optimization[C]. IEEE 34th Annual Computer Software and Applications Conference, Seoul, 2010: 493-502.

[60] Chifu V R, Pop C B, Salomie I, et al. Selecting the optimal web service composition based on a multi-criteria bee-inspired method[C]. The 12th International Conference on Information Integration and Web-based Applications & Services, Paris, 2010: 40-47.

[61] Wang X Z, Wang Z J, Xu X F. An improved artificial bee colony approach to QoS-aware service selection[C]. IEEE 20th International Conference on Web Services, Santa Clara, 2013: 395-402.

[62] Kousalya G, Palanikkumar D, Piriyankaa P R. Optimal web service selection and composition using multi-objective bees algorithm[C]. IEEE 9th International Symposium on Parallel and Distributed Processing with Applications Workshops, Busan, 2011: 193-196.

[63] Peculea A, Iancu B, Dadarlat V, et al. A novel QoS framework based on admission control and self-adaptive bandwidth reconfiguration[J]. International Journal of Computers Communications and Control, 2010, 5(5): 862-870.

[64] 叶世阳, 魏峻, 李磊, 等. 支持服务关联的组合服务选择方法研究[J]. 计算机学报, 2008, 31(8): 1383-1397.

[65] Li B C, Nahrstedt K. A control-based middleware framework for quality of service adaptations[J]. IEEE Journal of Selected Areas in Communication, 1999, 17(9): 1832-1650.

[66] Abdelmounaam R, Mohamed E. μRACER: A reliable adaptive service-driven efficient routing protocol suite for sensor-actuator networks[J]. IEEE Transactions on Parallel and Distributed Systems, 2009, 20(5): 607-622.

[67] Rohallah B, Ramdane M, Zaïdi S. Towards scalability of reputation and QoS based web services discovery using agents and ontologies[C]. The 13th International Conference on Information Integration and Web-based Applications and Services, Ho Chi Minh City, 2011: 262-269.

[68] Abdulbaset H M, Michael E W. Localized QoS routing with admission control for congestion avoidance[C]. International Conference on Complex, Intelligent and Software Intensive Systems, Krakow, 2010: 174-179.

[69] Yu T F, Wang K C, Hsu Y H. Adaptive routing for video streaming with QoS support over SDN networks[C]. International Conference on Information Networking, Cambodia, 2015: 318-323.

[70] Bueno I, Aznar J I, Escalona E, et al. An OpenNaaS based SDN framework for dynamic QoS control[C]. IEEE SDN for future networks and services, Trento, 2013: 1-7.

[71] Tomovic S, Prasad N, Radusinovic I. SDN control framework for QoS provisioning[C]. The 22nd Telecommunications Forum Telfor, Belgrade, 2014: 111-114.

[72] Celenlioglu M R, Mantar H A. An SDN based intra-domain routing and resource management model[C]. IEEE International Conference on Cloud Engineering, Tempe, 2015: 347-352.

[73] Guck J W, Kellerer W. Achieving end-to-end real-time quality of service with software defined networking[C]. IEEE 3rd International Conference on Cloud Networking, Luxembourg, 2014: 70-76.

[74] Ding W F, Qi W, Wang J P, et al. OpenSCaaS: An open service chain as a service platform toward the integration of SDN and NFV[J]. IEEE Network, 2015, 29(3): 30-35.

[75] Ran Y Y, Yang E Z, Shi Y K. A NaaS-enabled framework for service composition in software defined networking environment[C]. IEEE Globecom Workshops, Austin, 2014: 188-193.

[76] Sahhaf S, Tavernier W, Rost M, et al. Networks service chaining with optimized network function embedding supporting service decompositions[J]. Computer Networks, 2015, 93(3): 492-505.

[77] Wang P, Lan J L, Zhang X H, et al. Dynamic function composition for network service chain: Model and optimization[J]. Computer Networks, 2015, 92(2): 408-418.

[78] Lan J L, Cheng G Z, Chen H C, et al. Enabling network function combination via service chain instantiation[J]. Computer Networks, 2015, 92(2): 396-407.

[79] Paganelli F, Ulema M, Martini B. Context-aware service composition and delivery in NGSONs over SDN[J]. IEEE Communications Magazine, 2014, 52(8): 97-105.

[80] Hmaity A, Savi M, Musumeci F, et al. Virtual network function placement for resilient service chain provisioning[C]. The 8th International Workshop on Resilient Networks Design and Modeling, Halmstad, 2016: 245-252.

[81] Mohammadkhan A, Ghapani S, Liu G, et al. Virtual function placement and traffic steering in flexible and dynamic software defined networks[C]. IEEE International Workshop on Local and Metropolitan Area Networks, Beijing, 2015: 1-6.

[82] Ghaznavi M, Khan A, Shahriar N, et al. Elastic virtual network function placement[C]. IEEE 4th International Conference on Cloud Networking, Niagara Falls, 2015: 255-260.

[83] Luizelli M C, Cordeiro W L D C, Buriol L S, et al. A fix-and-optimize approach for efficient and large scale virtual network function placement and chaining[J]. Computer Communications, 2017, 102(1): 67-77.

[84] Jemaa F B, Pujolle G, Pariente M. QoS-aware VNF placement optimization in edge-central carrier cloud architecture[C]. IEEE Global Communications Conference, Washington, 2016: 1-7.

[85] Kawashima K, Otoshi T, Ohsita Y, et al. Dynamic placement of virtual network functions based on model predictive control[C]. IEEE/IFIP Network Operations and Management Symposium, Istanbul, 2016: 1037-1042.

[86] Sun Q Y, Lu P, Lu W, et al. Forecast-assisted NFV service chain deployment based on affiliation-aware VNF placement[C]. IEEE Global Communications Conference, Washington, 2016: 1-6.

[87] Ma R T B, Dah M C, Lui J C S, et al. On cooperative settlement between content, transit, and eyeball internet service providers[J]. IEEE/ACM Transactions on Networking, 2010, 19(3): 802-815.

[88] Tsiaras C, Stiller B. A deterministic QoE formalization of user satisfaction demands (DQX) [C]. IEEE Conference on Local Computer Networks, Edmonton, 2014: 227-235.

[89] D'Oro S, Galluccio L, Schembra G, et al. Exploiting congestion games to achieve distributed service chaining in NFV networks[J]. IEEE Journal on Selected Areas in Communications, 2017, 35 (2) : 407-420.

[90] Li Y, Wen T. An approach of QoS-guaranteed web service composition based on a win-win strategy[C]. IEEE 19th International Conference on Web Services, Honolulu, 2012: 628-630.

[91] Aloqaily M, Kantarci B, Mouftah H T. Multiagent/multiobjective interaction game system for service provisioning in vehicular cloud[J]. IEEE Access, 2016, 4: 3153-3168.

[92] Wang X W, Cheng H, Huang M. Multi-robot navigation based QoS routing in self-organizing networks[J]. Engineering Applications of Artificial Intelligence, 2013, 26 (1) : 262-272.

[93] Li S H, Li Y Q. Benefit equilibrium driven selection of web service based on an adaptive genetic algorithm[C]. International conference on natural computation, Shenyang, 2013: 418-422.

[94] Lewis P R, Faniyi F, Bahsoon R, et al. Markets and clouds: Adaptive and resilient computational resource allocation inspired by economics[C]. Adaptive, Dynamic, and Resilient Systems, Boston, 2012: 285-318.

[95] Tansupasiri T, Kanchanasut K, Barakat C, et al. Using active networks technology for dynamic QoS[J]. Computer Networks, 2006, 50 (1) : 1692-1709.

[96] Guerrero-Ibáñez A, Contreras-Castillo J, Barba A, et al. A QoS-based dynamic pricing approach for services provisioning in heterogeneous wireless access networks[J]. Pervasive and Mobile Computing, 2011, 7 (5) : 569-583.

[97] Capone A, Elias J, Martignon F. Models and algorithms for the design of service overlay networks[J]. IEEE Transactions on Network and Service Management, 2008, 5 (3) : 143-156.

[98] Wang Z L, Tang X H, Luo X F. Policy-based SLA-aware cloud service provision framework[C]. International Conference on Semantics, Knowledge and Grids, Beijing, 2011: 114-121.

[99] Lee K, Kang K, Lee J. Concepts and guidelines of feature modeling for product line software engineering[C]. International Conference on Software Reuse: Methods, Techniques, and Tools, Austin, 2002: 62-77.

[100] Platenius M C, Detten M, Becker S, et al. A survey of fuzzy service matching approaches in the context of on-the-fly computing[C]. International ACM Sigsoft Symposium on Component-based Software Engineering, Vancouver, 2013: 143-152.

[101] Hasan M H, Jaafar J, Hassan M F. Experimental study on the effective range of FCM's fuzzifier values for web services' QoS data[C]. International Conference on Computer and Information Sciences, Kuala Lumpur, 2014: 1-6.

[102] Project Floodlight[EB/OL]. https://github.com/floodlight/. [2020-03-16].

[103] OpenFlowClick[EB/OL]. http://archive.openflow.org/wk/index.php/OpenFlowClick. [2020-03-16].

[104] Mundada Y, Sherwood R, Feamster N. An OpenFlow switch element for Click[C]. Symposium on Click Modular Route, London, 2009: 1-34.

[105] Kohler E. The Click modular router[J]. ACM Transactions on Computer Systems, 2000, 18(3): 263-297.

[106] CERNET[EB/OL]. http://www.topology-zoo.org/maps/Cernet.jpg. [2020-03-16].

[107] INTERNET2[EB/OL]. https://noc.net.internet2.edu/i2network/index.html. [2020-03-16].

[108] Kim H J, Yun D G. QoE assessment model for video streaming service using QoS parameters in wired-wireless network[C]. International Conference on Advanced Communication Technology, PyeongChang, 2012: 459-464.

[109] 王元卓, 靳小龙, 程学旗. 网络大数据: 现状与展望[J]. 计算机学报, 2013, 36(6): 1125-1138.

[110] Zheng Z, Zhu J, Lyu M R. Service-generated big data and big data-as-a-service: An overview[C]. IEEE International Congress on Big Data, Santa Clara, 2013: 403-410.

[111] Stankiewicz R, Cholda P, Jajszczyk A. QoX: What is it really?[J]. IEEE Communications Magazine, 2011, 49(4): 148-158.

[112] Yin H, Jiang Y, Lin C, et al. Big data: Transforming the design philosophy of future Internet[J]. IEEE Network, 2014, 28(4): 14-19.

[113] Wolf T, Griffioen J, Calvert K L, et al. Choice as a principle in network architecture[C]. ACM Conference on Applications, Technologies, Architectures, and Protocols for Computer Communication, Helsinki, 2012: 105-106.

[114] Yin H, Zhang X, Zhan T Y, et al. NetClust: A framework for scalable and Pareto-optimal media server placement[J]. IEEE Transactions on Multimedia, 2013, 15(8): 2114-2124.

[115] 王珊, 王会举, 覃雄派, 等. 架构大数据: 挑战、现状与展望[J]. 计算机学报, 2011, 34(10): 1741-1752.

[116] Zhang J Y, Wu J, Bochmann G V, et al. Grade-of-service differentiated static resource allocation schemes in WDM networks[J]. Optical Switching and Networking, 2008, 5(2-3): 107-122.

[117] Cholda P, Tapolcai J, Cinkler T, et al. Quality of resilience as a network reliability characterization tool[J]. IEEE Network, 2009, 23(2): 11-19.

[118] McCreadie R, Macdonald C, Ounis I. MapReduce indexing strategies: Studying scalability and efficiency[J]. Information Processing and Management, 2012, 48(5): 873-888.

[119] Shenker S. Fundamental design issues for the future Internet[J]. IEEE Journal on Selected Areas in Communications, 2006, 13(7): 1176-1188.

[120] ITU-T Recommendation P.800.1. Mean Opinion Score(MOS) terminology[EB/OL]. https://www.itu.int/rec/T-REC-P.800.1-200303-S/en. [2020-03-16].

[121] Good I J. The population frequencies of species and the estimation of population parameters[J]. Biometrika, 1953, 40(3-4): 237-264.

[122] EPFL-PoliMI video quality assessment database[EB/OL]. http://vqa.como.polimi.it. [2020-03-16].

[123] VQEG brings international experts together[EB/OL]. http://www.vqeg.org. [2020-03-16].

[124] ITU-T Recommendation E.802: Framework and methodologies for the determination and application of QoS parameters[EB/OL]. https://www.itu.int/rec/T-REC-E.802-200702-I/en. [2020-03-16].

[125] ETSI TS 103 210 V1.2.1: Speech and multimedia Transmission Quality(STQ); end-to-end jitter transmission planning requirements for real time services in an NGN context[EB/OL]. https://portal.etsi.org/webapp/workprogram/Report_WorkItem.asp?WKI_ID=43828. [2020-03-25].

[126] Ahmad A, Floris A, Atzori L. QoE-centric service delivery: A collaborative approach among OTTs and ISPs[J]. Computer Networks, 2016, 110(9): 168-179.

[127] Jeffrey K M, Hal R V. Some FAQs about usage-based pricing[J]. Computer Networks and ISDN Systems, 1995, 28(1-2): 257-265.

[128] Wang X W, Cheng H, Huang M. QoS multicast routing protocol oriented to cognitive network using competitive coevolutionary algorithm[J]. Expert Systems with Applications, 2014, 41(10): 4513-4528.

[129] Sekar V, Egi N, Ratnasamy S, et al. Design and implementation of a consolidated middlebox architecture[C]. ACM Conference on Networked Systems Design and Implementation, Berkeley, 2012: 24-37.

[130] Cybenko G. Approximation by superpositions of a sigmoidal function[J]. Mathematics of Control, Signals and Systems, 1989, 2(4): 303-314.

[131] Chiou J S. The antecedents of consumers' loyalty toward internet service providers[J]. Information and Management, 2004, 41(6): 685-695.

[132] Liao L, Victor C M, Chen M. An efficient and accurate link latency monitoring method for low-latency software-defined networks[J]. IEEE Transactions on Instrumentation and Measurement, 2019, 68(2): 377-391.

[133] Chen N. On computing Pareto stable assignments[C]. International Symposium on Theoretical Aspects of Computer Science, Paris, 2012: 384-395.

[134] ITU-T Recommendation Y.1541: Network performance objectives for IP-based services [EB/OL]. https://www.itu.int/rec/T-REC-Y.1541/en. [2020-03-25].

[135] ITU-T Recommendation E.800: Definitions of terms related to quality of service [EB/OL]. https://www. itu.int/rec/T-REC-E.800-200809-I/en. [2020-03-25].

[136] Ahuja K, Singh B, Khanna R. Network selection based on weight estimation of QoS parameters in heterogeneous wireless multimedia networks[J]. Wireless Personal Communications, 2014, 77(4): 3027-3040.

[137] Gebert S, Pries R, Schlosser D, et al. Internet access traffic measurement and analysis[C]. International Workshop on Traffic Monitoring and Analysis, Vienna, 2012: 29-42.

[138] Tarnaras G, Haleplidis E, Denazis S. SDN and ForCES based optimal network topology discovery[C]. IEEE Conference on Network Softwarization, London, 2015: 1-6.

[139] Wolf T. In-network services for customization in next-generation networks[J]. IEEE Network, 2010, 24(12): 6-12.

[140] Baker F. Requirements for IP version 4 routers[R/OL]. https://datatracker.ietf.org/doc/rfc1812. [2020-12-01].

[141] Lin T, Zhou Z, Tornatore M, et al. Optimal network function virtualization realizing end-to-end requests[C]. IEEE Global Communications Conference, San Diego, 2015: 1-6.

[142] ETSI GS NFV 001: Network function virtualization（NFV）: Use cases[EB/OL]. https://portal.etsi.org/webapp/workprogram/Report_WorkItem.asp?WKI_ID=42418. [2020-03-25].

[143] Bemmaor A C. Modeling the diffusion of new durable goods: Word-of-mouth effect versus consumer heterogeneity[M]//Laurent G, Lilien G L, Pras B G. Research Traditions in Marketing. Berlin: Springer, 1994: 201-229.

[144] Ma W, Medina C, Pan D. Traffic-aware placement of NFV middleboxes[C]. IEEE Global Communications Conference, San Diego, 2015: 1-6.